U0196757

南海西部油田电潜泵采油技术研究与实践

崔嵘 主编

NANHAI XIBU YOUTIAN DIANQIANBENG CAIYOU JISHU
YANJIU YU SHIJIAN

化学工业出版社

·北京·

本书以中海石油（中国）有限公司湛江分公司的电潜泵采油技术为主线，系统总结了湛江分公司电潜泵采油优化设计、电潜泵井工况诊断、电潜泵井预警信息化建设及精细化管理等方面的良好实践。

本书内容丰富，通俗易懂，紧密结合实际，可供从事油气田开发生产的技术及管理人员使用，也可供各油田企业参考借鉴，助力各大油田电潜泵采油技术的进一步提升。

图书在版编目（CIP）数据

南海西部油田电潜泵采油技术研究与实践/崔嵘主编．
—北京：化学工业出版社，2019.6
ISBN 978-7-122-34213-3

Ⅰ.①南… Ⅱ.①崔… Ⅲ.①南海-海上油气田-电磁泵-采油方法-研究 Ⅳ.①TE35

中国版本图书馆 CIP 数据核字（2019）第 057580 号

责任编辑：刘 军 冉海滢 装帧设计：王晓宇
责任校对：王 静

出版发行：化学工业出版社（北京市东城区青年湖南街 13 号 邮政编码 100011）
印 装：中煤（北京）印务有限公司
710mm×1000mm 1/16 印张 12 字数 171 千字 2019 年 7 月北京第 1 版第 1 次印刷

购书咨询：010-64518888 售后服务：010-64518899
网 址：http://www.cip.com.cn
凡购买本书，如有缺损质量问题，本社销售中心负责调换。

定 价：120.00 元

编委会人员名单

中海石油（中国）有限公司湛江分公司（以下简称"湛江分公司"）是中国海洋石油事业的发祥地之一，隶属于中国海洋石油集团有限公司（以下简称"中海油"），主要负责南海西部海域油气资源勘探与开发生产。2008～2018年，已连续11年油气产量超过1000万立方米油当量。

电潜泵采油作为海上油田的主要举升方式，具有使用范围广、检泵周期长、管理方便、经济效益显著等一系列特点，为南海西部油田连续多年超1000万立方米油当量做出了重要贡献。长期以来，湛江分公司重视电潜泵技术发展和电潜泵技术体系建设，建立健全电潜泵井精细化管理制度，不断发展完善电潜泵井提质增效关键技术，为油井的高效生产保驾护航，为分公司的降本增效添砖加瓦。近年来，湛江分公司先后编制了中海油企业标准《电潜泵井生产管理要求》、中海油适用工艺《基于泵工况仪的电潜泵工况诊断工艺》以及中海油技术手册《采油工程技术体系——机械采油分册》，编写了湛江分公司《电潜泵井精细化管理细则》，实现了技术的总结推广，用于指导电潜泵技术优化和电潜泵井管理，推广公司电潜泵采油技术并促进海上采油工程技术发展。技术创造价值，近年来，机采技术的各项应用，延长了检泵周期，提高了生产时率，实现了低产、高含气等复杂情况油井的高效生产，产生了可观的经济效益。

本书系统总结了湛江分公司电潜泵采油优化设计、电潜泵井工况诊断、电潜泵井预警信息化建设及精细化管理等方面的良好实践，可供从事油气田开发生产的技术及管理人员使用，供各油田企业参考借鉴，助力各大油田电潜泵采油技术的进一步提升。

编者
2019 年 1 月

目录

第4章 电潜泵井工况诊断技术

第1章
电潜泵井概况

近年来，石油工业及油田采油开发技术发展迅速。为了提高油田采油速度和最终采收率，应用人工举升采油成为了油田开发开采过程中的一个重要步骤。

电潜泵采油是为经济有效地开采地下石油而且发展比较成熟的一种人工举升采油方式，具有使用范围广、检泵周期长、管理方便、经济效益显著等一系列特点，在国内外油井举升工艺上应用十分广泛，是目前海上油田最主要的采油方式之一。

1.1 电潜泵发展概况与应用现状

1.1.1 国内外电潜泵发展概况

1923年，苏联人 A. S. 奥托纳夫在世界上首先提出电潜泵的概念，并于洛杉矶制造出美国第一台电潜泵。1926年，在美国鲁塞尔油田首次应用电潜泵举升，从此开启了电潜泵应用于原油开采的历史。据不完全统计，目前全世界近1/3的原油产量是由电潜泵举升开采。目前，世界上使用电潜泵采油的主要国家有俄罗斯、美国、中国、印度尼西亚、沙特、委内瑞拉等，其中，电潜泵制造厂家主要集中在美国、中国和俄罗斯三国，其他产油国的电潜泵主要从上述三国购买。

美国电潜泵工艺技术一直处于世界领先地位。1930 年 A. S. 奥托纳夫在美国创建了第一家电潜泵制造厂——Reda 公司。20 世纪 50～70 年代，美国相继出现了三家主要生产电潜泵的制造商——Reda 公司、Kobe 公司和 ODI 公司。通过一系列并购，2018 年美国主要的电潜泵专业生产厂家发展为斯伦贝谢公司（Reda 电泵）和通用电气公司（Baker Centrilift 电泵、Woodgroup 电潜泵），占据全球电潜泵主要市场。综合评价电潜泵技术含量、水平、制造工艺、产品适用性、产品可靠性等指标，以上 2 家美国电潜泵制造厂家的技术水平居于首位。

1940 年，苏联国家石油机械设计院深水电动机局石油工业组研制了苏联第一台电潜泵，开始广泛应用于油田。目前，俄罗斯主要的电潜泵专业生产厂家有 Alnas 公司、Borets 公司、Novomet 公司。受苏联解体的影响，俄罗斯的电潜泵制造水平暂时还处于相对落后的状态，但俄罗斯作为世界上产油大国之一，由于石油开采的需要，近些年也有较快速的发展。

我国最早曾于 1953 年在玉门油田对电潜泵进行研究和试验。1978 年，天津市电机总厂与大庆油田联合开发、自行设计和制造了我国第一台电潜泵并正式投产。1984 年，天津市电机总厂正式获国家批准，引进美国 Reda 公司电潜泵制造技术，极大地促进了我国电潜泵制造技术和生产的发展。随着国内石油工业和采油技术的发展以及引进技术在国内的扩散，相继出现了大庆、胜利、虎溪等一批电潜泵制造厂家，形成了我国的电潜泵制造行业。近二十几年来，我国的电潜泵制造技术快速发展，在常规电潜泵制造方面已经接近或达到美国的水平。目前，我国电潜泵专业生产厂家已发展到近 10 家，其中 60%～70% 的产量销往国外市场。

1.1.2 电潜泵应用技术现状

随着石油工业的发展，开采的油田数量和类型越来越多，采油井数越来越多，井况和地面环境也越来越复杂，对电潜泵的质量、性能以及适应环境的广泛性提出了更高的要求。近十几年来，随着科技的更新进步，国内外电潜泵制造厂家不断改进创新，新型材料及施工工艺不断应用于电潜泵制造，形成了一系列新的产品与技术。

（1）高气液比电潜泵

电潜泵对井液中的游离气比较敏感，对于过饱和油藏、地饱压差小的油藏或衰竭式开采后期的油藏，产油井不可避免会出现高气油比的状况。进泵的游离气越多，对电潜泵的性能和寿命影响越大，严重时发生气蚀、气锁，导致机组振动加剧或频繁欠载停泵而影响油井正常开采，同时频繁启泵将大大影响机组寿命。目前比较先进的气体处理装置有：斯伦贝谢雷达 AGH 气体处理器、海神多相气体处理泵，通用电气深锤 GM 气体处理器、多相流 MVP 气体处理泵、塔式电潜泵。

（2）防砂电潜泵

随着油田开发进入中后期，油井含水率上升、地层压降下降，一些油井加大排量提液，可能导致一些未防砂油井、甚至一些防砂井防砂失效。正常情况下电潜泵可适用于含砂量不大于 0.5％ 的油井，但对于出砂比较严重的油井，尤其是严重影响电潜泵寿命的细砂、细粉砂，很容易进入泵轴承和叶导轮间隙，在电潜泵高速运转过程中造成泵轴承、叶导轮、泵轴的磨损，甚至造成电潜泵过载停机。防砂电潜泵主要采取的防砂措施有两种：一是通过采用耐磨材料的轴承、叶导轮和轴，或采用涂层处理，以提高其表面硬度；二是通过采用全压泵结构阻止细砂进入电潜泵间隙，从而明显提高电潜泵机组的防砂效果。目前斯伦贝谢雷达、通用电气深锤等，在防砂电潜泵的研发方面进展比较快，现场应用效果较好。

（3）耐高温电潜泵

随着石油开采的不断深入，电潜泵需要工作的环境温度也度越来越高。研究和生产实践表明，在高温油井中电潜泵机组相关的橡胶件、绝缘材料等易老化，导致电潜泵电机等故障，为此，对电潜泵的耐高温性能提出了更高的要求。耐高温电潜泵制造的关键是电机的绝缘材料、保护器及其他橡胶密封件，需采用更高的耐温等级材料。目前，国内外一些厂家生产适用于 120℃、150℃ 井温的机组已成为常规机组，国内一些厂家可生产适用于 180℃ 井温的电潜泵机组，国外一些厂家的产品，如斯伦贝谢雷达电泵的 Hotline 系统、通用电气深锤电泵的 Centigrade 高温电潜泵系统等，可适用于 180℃ 及以上井温的油井。

（4）防腐电潜泵

在油田的开发过程中，腐蚀是比较常见的问题，油井中经常会含有一些腐蚀性介质，如 H_2S、CO_2 等。油井中存在腐蚀将破坏橡胶密封件而造成密封失效，使电潜泵机组外壳强度下降，甚至是腐蚀穿孔造成电潜泵外壳断裂入井等。目前电潜泵防腐主要是针对电机、泵、吸入口装置、保护器、小扁电缆等重要部位采用优良的抗腐蚀性能的材料或先进的防腐工艺。

目前国内电潜泵厂家使用的防腐机组在选材上基本一致，海上油田常用的电潜泵机组防腐方案为：连接螺栓、轴采用蒙乃尔，花键套采用 1Cr18Ni9，叶导轮采用高镍铸铁，电缆头外壳采用 2Cr13，电缆铠皮、吸入口采用 304 不锈钢，机组壳体采用 9Cr1Mo、304 不锈钢或蒙乃尔涂层。防腐机组的应用使电潜泵在海上腐蚀井的运转寿命有了极大提高。

（5）超宽幅电潜泵

随着油田的开发，油田总采油井数逐渐增加且不同油井的产液量差异很大。常规的电潜泵机组由于泵合理排量范围相对较小且扬程随排量变化比较敏感，为了满足整个油田油井的合理配产以及电潜泵机组的优化设计，往往需要储备多套多种规格不同泵型的电潜泵机组，不利于电潜泵机组库存控制。此外，对于产能不太确定以及生产过程中油藏压力变化较大的油井，常规电潜泵机组往往在油井投产初期或生产一定时期后，运行不合理或无法满足油藏配产。超宽幅电潜泵由于泵合理排量范围宽广且扬程随排量变化相对较小，对于不同产液量的油井往往可以采用同一种泵型，从而能有效地降低机组库存，且更适用于油藏压力与产能不太确定的油井。目前，国外斯伦贝谢雷达、通用电气深锤，均有比较成熟的产品且取得了良好的应用效果，国内一些电潜泵厂家也逐步开发出一些超宽幅电潜泵产品。

1.2　湛江分公司电潜泵采油井现状

随着南海西部油田不断开发，湛江分公司采油井数逐年增加，截至2018 年底，南海西部油田共有电潜泵采油井 328 口（如图 1-1 所示），电潜泵采油井占总采油井数的 90%，电潜泵采油井生产运行状况直接关系到分公司的年度产量。

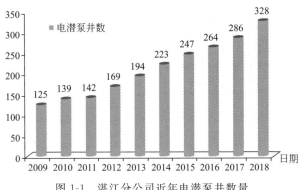

图 1-1　湛江分公司近年电潜泵井数量

电潜泵采油作为南海西部油田主要的举升方式，对保证油田的基础产量发挥了重要作用。随着海上油气田规模的不断扩大和油气田开发的不断深入，边际油田无修井机平台和老油田出砂、结垢、高含气、高含水等各种复杂井况日益增多，对机采技术提出了新的要求和挑战。湛江分公司机采技术人员结合海上油田的特殊开发模式，积极应对和解决开发生产中出现的问题，研究和形成了一系列机采技术，并推广应用于现场实践，为油井的高效生产保驾护航，为降本增效添砖加瓦。

（1）大排量提液井技术日益成熟

换大泵提液是海上油田进入高含水期后稳产增产的重要措施，随着举升液量大幅提升，加之油藏温度高，生产环境会变得更为恶劣。大排量带来的高流速会对生产管柱造成严重冲蚀，包括引发的出砂、腐蚀等各种复杂井况以及地面设备等配套技术，要求在换大泵优化设计时要综合考虑，要保证入井的电泵机组既能满足油藏提液要求，又能高效合理运转，提高电泵井检泵周期，实现增产降本。针对大排量提液井，形成了海上大排量提液井电潜泵优化设计技术，实现了 3000m³/d 超大排量电潜泵采油在南海西部油田的成功应用。

（2）边际油田低产井举升工艺进一步优化

海上边际油田开发越来越多，无人驻守井口简易平台与双电潜泵技术相结合，形成海上无人简易平台双电泵技术，是海上边际油田开发的有效手段。针对部分边际油田产能低，部分油井产液量过低，不能保证潜油电机及时散热，严重影响机组的运行寿命等问题，对常规双电潜泵技术进行改进，实现了双电潜泵双导流罩双监测技术的应用。

（3）高含气油井举升难题有效解决

对于过饱和油藏、地饱压差小的油藏或衰竭式开采后期的油藏，产油井不可避免会出现高气油比状况。当井液中游离气含量超过设计允许值时，电潜泵的工作性能将变得不稳定，泵的扬程、排量及效率下降，电机运行电流波动加剧，油井生产不平稳；严重时，离心泵流道的大部分空间被气体占据而产生气锁，机组频繁欠载关停。高含气油井对电潜泵举升提出了特殊的挑战。为提高电潜泵在高气油比油井中的适应性，拓宽电潜泵的应用范围，在常规避气技术和气体分离技术的基础上，研究形成了塔式电潜泵设计方法。应用塔式泵设计理念，同时使用高级气体处理设备，大大增加了电潜泵处理游离气的能力。在一定条件下，当泵挂处的游离气体积分数高达 90% 时，电泵仍可正常运行。

（4）电潜泵井工况诊断技术取得突破

南海西部油田油藏地质情况多样，随油田开发，出砂、结垢、结蜡、腐蚀等复杂井况日益增多，油井故障频繁。如何快速、准确地对电潜泵井进行动态分析和故障诊断，提出合理措施保证电潜泵井的高效生产是一大难题，也对电潜泵工况诊断技术提出了更高的要求。通过对泵工况仪参数变化趋势研究，结合电流卡片、憋压诊断、宏观控制图等技术集成集合，形成一套电潜泵井动态分析和故障诊断的新方法，指导湛江分公司的电潜泵井精细化管理，将电潜泵井的动态分析和故障诊断准确率提高至 90% 以上。

（5）电潜泵井预警技术成效显著

机采井基础数据繁多，信息量大，现行的通过生产管理人员跟踪生产动态捕获机采井生产异常的方法工作量大、时效性差，亟需建立机采井数据管理及分析应用平台，实现数据的自动处理分析，快速捕获生产异常、缩短故障处理时间，从而提高机采井生产时率、保障基础产量。经过近 3 年的攻关，2015 年电潜泵井预警系统建成并投入应用，在对开发井井史资料进行集成管理的基础上，通过 SPC 控制图技术，应用数理统计方法判别生产参数的各种波动，对生产过程中 14 项参数的异常变化提出预警。结合南海西部油田的具体特点，将 SPC 判异准则由常规的 8 类扩展至 13 类，并对经典判异准则进行了优化。在生产参数预警模型的基础上，基于南海西部油田的生产实践，确定了不同故障的敏感参数，并归纳总结、提炼出每个故障类型对应的多条敏感参数组合，最终形成对应 13 个故障类型的决策树模型。系统应用以来，模型预警覆盖率 100%、预警时效 29.5 天，取得了良好的经济效益。

在发展中提炼技术，在实践中总结成果，通过机采技术的集成集合、发展创新，湛江分公司形成了一系列机采技术，解决了南海西部油田开发生产过程中遇到的一系列难题。

第2章

电潜泵井生产系统

本章对电潜泵井生产系统做了介绍，主要包括电潜泵生产系统组成设备、电潜泵井生产特性以及电潜泵井调产方式。

2.1 电潜泵生产系统组成设备介绍

电潜泵生产系统设备可分为井下和地面两大部分，如图 2-1 所示。

电潜泵生产系统的基本工作原理是将电泵机组通过有序连接，同油管一起下入油井中，地面电源通过变压器、控制柜和电缆将电能输送给井下电机，使电机带动电潜泵旋转，将电能转换为机械能，将井液举升至地面。

电潜泵生产系统工作一般包括两个流程：

（1）供电流程

地面电源──→变压器──→控制柜──→潜油电缆──→电机

（2）井液举升流程

吸入口/分离器──→电潜泵──→泵出口──→单流阀──→油管──→井口──→地面管汇

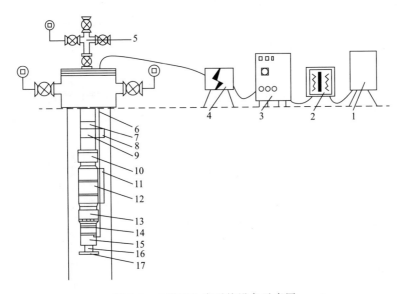

图 2-1　电潜泵生产系统设备示意图

1—配电盘；2—变压器；3—控制柜；4—接线盒；

5—采油树；6—潜油电缆；7—泄油阀；8—大扁护罩；9—单流阀；10—泵出口；

11—小扁护罩；12—电潜泵；13—气体分离器；14—保护器；15—电机；16—泵工况仪；17—扶正器

2.1.1　井下系统组成

电潜泵系统井下部分（自下而上）主要由泵工况仪、电机、保护器、气体分离器、电潜泵、潜油电缆等组成，另外，还有电缆绑带、电缆护罩、单流阀、泄油阀、扶正器等辅助工具。

2.1.1.1　泵工况仪

电潜泵工况仪是电潜泵技术发展的产物，又称为井下传感器系统。目前国内外电潜泵工况仪主要有斯伦贝谢公司（SLB）的 Phoenix 系列、英国顶峰（Zenith）公司的 Zenith 系列以及贝克休斯（BakerHughes）公司的 Welllift 系列。南海西部油田所用电潜泵工况仪也是以上述系列为主。

电潜泵工况仪总体上分为两大部分，即地面设备和井下设备，如图 2-2

所示。

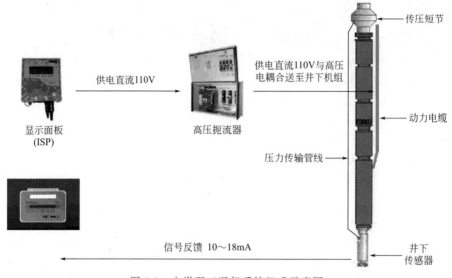

图 2-2　电潜泵工况仪系统组成示意图

（1）地面设备

① 地面显示设备　地面显示设备用于和井下传感器通讯并显示数据。作为电机控制器，还可以实现电机的监测、保护和控制，以及远程数据的接收。通过扩展通讯卡，可直接把传感器数据传至中控室。

② 高压扼流器（阻流器）　通直流，阻交流，使井下直流信号传入地面显示设备。

③ 地面电缆接线包　提供标准长度地面连接线。

④ 数据存储系统　插入地面显示设备中记录数据，64M 的容量可以记录一个月左右的数据。在下载完数据后，可清除原有内容，重新记录新的数据。

⑤ 读卡器　插入电脑中，并将存储卡数据读入电脑中，由附送专门软件编辑显示数据。

⑥ 通讯卡　插入地面显示设备中，通过 Modbus 协议，485 串口通信可将传感器数据直接传至中控室。

（2）井下设备

① 井下传感器　井下传感器是电潜泵工况仪的本体，是电潜泵工况仪最主要的设备，通过动力电缆将井下的信号传到地面的显示面板。

② 泵出口传压短节　泵出口传压短节是为测泵出口参数而准备的，安装在泵出口位置，通过压力传输管线与泵工况传感器相连。

③ 压力传输管线　压力传输管线用于连接泵出口传压短节和泵工况传感器，一般为 1/4"（1"＝2.54cm）不锈钢管线。

目前常用的电潜泵工况仪基本参数有六组：泵吸入口温度、电机绕组温度、泵吸入口压力、泵排出口压力、泄漏电流和电机振动。电潜泵工况仪所记录信息通过动力电缆以电信号形式将数据传输到地面记录仪，实现泵工况数据的实时记录和监控，为电潜泵井工况诊断提供了更多、更直接的信息；同时也为油藏研究提供了大量的信息，既可以用来进行油藏压力的监测和折算，又可以利用工况仪来进行试井分析。目前南海西部油田电泵井中，约有 70％ 安装了电潜泵工况仪，随着技术的发展，电潜泵工况仪在电潜泵井中的应用比例越来越高，所发挥的作用也越来越大。

（3）电潜泵工况仪的工作原理

电潜泵工况仪的信号传输路径如图 2-3 所示，井下传感器通过动力电缆将井下的信号传到地面的显示面板。地面显示设备输出 110vdc，经过扼流器（高低压耦合），加载到井下电泵的动力电缆，直达电机底部的星

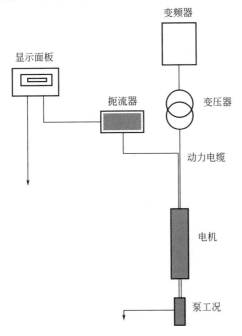

图 2-3　电潜泵工况仪工作原理示意图

点处，提供电潜泵工况仪的工作电压。泵工况通电后，正常工作，井下准确的数据是通过一种混合数字传输系统，从井下传感器，通过动力电缆传到地面，在显示面板进行解码，并在显示面板上显示。

（4）电潜泵工况仪操作注意事项

① 由于泵工况的地面设备与控制柜内的高压电缆相连接，因此在对地面设备进行检修之前一定要停泵并且断开控制柜的电源。

② 为了安全，泵工况在运行的时候不要打开地面扼流器。

③ 在对井下电缆进行绝缘测试之前一定要将接到控制柜内的三条红色高压线与井下电缆的连接断开，否则会导致地面设备的损坏。在测绝缘时，推荐用 1000vdc 来进行测量。将－VE 接到电缆，＋VE 接地。如果测到井下电缆绝缘为 0，一定要倒换笔再测一次，这样才能确定井下绝缘是否存在问题。

④ 请使用带有自动放电功能的绝缘表，不要打火花放电。这样可能会导致井下泵工况仪内二极管的损坏。

（5）主要厂家的产品特点

结合南海西部油田电潜泵工况仪的使用情况，下面详细介绍斯伦贝谢公司、贝克休斯公司、英国顶峰公司的电潜泵工况仪产品。

① 斯伦贝谢 Phoenix 产品　如表 2-1 和表 2-2 所示，斯伦贝谢 Phoenix 井下多元测试系统主要有三个系列，分别为 XT 系列、Select 系列和 XT150 系列。其中，XT 系列传输信号为模拟信号；Select 系列和 XT150 系列传输信号为数字信号。相较而言。Select 系列测试数据较多，价格也较高。

与模拟信号相比，数字信号的优点主要有：数据采集更快、对信噪比的要求降低、可以适应更高的环境温度。

表 2-1　斯伦贝谢电潜泵工况仪产品系列

测试参数	斯伦贝谢井下多元测试装置产品目录								
	XT 系列		Select 系列					XT150 系列	
	MultiSensor *XT 类型 0	MultiSensor XT 类型 1	Select CTS	Select LITE	Select Standard	Select Advanced	Select Reservoir	MultiSensor XT150 类型 0	MultiSensor XT150 类型 1
漏失电流	●	●	●	●	●	●	●	●	●
出口压力		●	●		●	●	●		●

续表

斯伦贝谢井下多元测试装置产品目录

测试参数	XT 系列		Select 系列					XT150 系列	
	MultiSensor *XT 类型 0	MultiSensor XT 类型 1	Select CTS	Select LITE	Select Standard	Select Advanced	Select Reservoir	MultiSensor XT150 类型 0	MultiSensor XT150 类型 1
出口温度			●		●	●	●		
出口振动			●			●	●		
入口压力	●	●	●	●		●	●	●	●
入口温度	●	●	●			●	●	●	●
入口振动						●			
电机温度	●	●				●	●	●	
电机振动	●	●	●		●	●	●	●	●
电机 Y 点电压				●	●	●	●		
储层压力							●		
储层温度							●		
储层振动							●		
适应井温 /℃	125	125	150	150	150	150	150	150	150
压力精度 /kPa	69	69	34	34	34	34	21	34	34

表 2-2　斯伦贝谢 Phoenix 产品主要性能参数

斯伦贝谢 Phoenix 产品目录

测试参数	XT 系列		Select 系列					XT150 系列	
	MultiSensor XT 类型 0	MultiSensor XT 类型 1	Select CTS	Select LITE	Select Standard	Select Advarnced	Select Reservoir	MultiSensor XT150 类型 0	MultiSensor XT150 类型 1
压力计本体机械规格									
长度	22.43"		24.1"					22.43"	
外径	4.5"								
质量	25kg								
材料	AISI 420(13CR)								
密封	双 O 圈（Viton/Aflas）密封								
底部扣型	2-3/8"EUE BOX								
与泵出口取压头连接方式	无	1/4"液压管线	无		1/4"液压管线			无	1/4"液压管线

续表

测试参数	XT 系列		Select 系列					XT150 系列	
	MultiSensor XT 类型 0	MultiSensor XT 类型 1	Select CTS	Select LITE	Select Standard	Select Advarnced	Select Reservoir	MultiSensor XT150 类型 0	MultiSensor XT150 类型 1
工作环境									
温度范围	25～125℃		0～150℃						
压力范围	最大 6500psi		最大 5800psi					最大 6500psi	
参数测量指标									
压力测量范围	0～5800psi		0～5000psi						
压力测量精确度	±10psi		±5psi						
压力测量分辨率	1psi		0.1psi						
压力漂移量	2psi/a							5psi/a	
温度测量范围	吸入口 0～125℃，电机 0～325℃		吸入口 0～150℃，电机 0～409℃						
温度测量精确度	±1.5℃		±2℃	吸入口±2℃，电机±4℃					
温度测量分辨率	0.1℃								
振动测量范围	0～30g								
振动测量精确度	±0.5g		±1g						
振动测量分辨率	0.1g								
漏电流测量范围	0～25mA								
漏电流测量精确度	±0.05mA								
漏电流测量分辨率	0.001mA								
数据更新时间	最快 1s		最快 2s						

斯伦贝谢 Phoenix 产品目录

注：1psi＝6.895kPa，全文同。

② 贝克深锤产品　如表 2-3 和表 2-4 所示，贝克深锤电潜泵工况仪主要有两个系列，分别为 Centinel 系列和 Welllift 系列。

表 2-3 贝克深锤电潜泵工况仪产品系列

测试参数	贝克休斯井下多元测试装置产品目录			
	Centinel 系列		Welllift 系列	
	Centinel	Centinel＋	Welllift	Welllift H
吸入口压力	●	●	●	●
吸入口温度	●	●	●	●
电机温度	●	●	●	●
漏电流	●	●	●	●
振动		●	●	●
泵出口压力			可选	可选
泵出口温度			可选	
传感器内电路温度			●	●
对地三相电压			●	●
运行时间			●	●
信噪百分数			●	●
传感器供电电压			●	●
输出频率			●	●
油藏压力			可选	
油藏温度			可选	

表 2-4 贝克深锤电潜泵工况仪主要性能参数

测试参数	贝克休斯井下多元测试装置产品目录			
	Centinel 系列		Welllift 系列	
	Centinel	Centinel＋	Welllift	Welllift H
工作环境				
温度范围	−25～150℃	0～125℃	−25～150℃	−25～150℃
压力范围	最大 7500psi	5000psi	最大 7500psi	最大 7500psi
参数测量指标				
压力测量范围	15～5000psi	15～5000psi	15～5000psi	15～5000psi
压力测量精确度	±5psi	±5psi	±5psi	±5psi
压力测量分辨率	0.1psi	0.1psi	0.1psi	0.1psi
压力漂移量	10psi/a	10psi/a	10psi/a	10psi/a
温度测量范围	0～150℃	0～125℃	吸入口 0～150℃，电机 0～260℃	吸入口 0～150℃，电机 0～260℃
温度测量精确度	±1℃	±1.25℃	吸入口 1℃，电机 2.6℃	吸入口 1℃，电机 2.6℃

续表

测试参数	Centinel 系列		Welllift 系列	
	Centinel	Centinel＋	Welllift	Welllift H
温度测量分辨率	0.1℃	0.1℃	吸入口温度和电机温度分辨率均为0.1℃	吸入口温度和电机温度分辨率均为0.1℃
振动测量范围	无	0～2g	0～5g	0～5g
振动测量精确度	无	0.1g	1%满测量值	1%满测量值
振动测量分辨率	无	0.01g	0.002g	0.002g
漏电流测量范围	无	无	0～18mA	0～18mA
漏电流测量分辨率	无	无	0.01mA	0.01mA
数据更新时间	17s	20s	吸入口压力4s，其余22s	吸入口压力4s，其余22s

贝克休斯井下多元测试装置产品目录

③ 英国顶峰公司产品　如表 2-5 和表 2-6 所示，顶峰公司目前井下多元测试装置主打产品为 E 系列，有 E6、E7。

表 2-5　顶峰电潜泵工况仪产品系列

测试参数	MK1 E6	MK2 E7
漏失电流	●	●
出口压力		●
出口温度		
出口振动		
入口压力	●	●
入口温度	●	●
电机温度	●	●
电机振动	●	●

顶峰产品目录

表 2-6　顶峰公司电潜泵工况仪主要性能参数

测试参数	MK1 E6	MK2 E7
工作环境		
温度范围	0～125℃	0～150℃
压力范围	0～5000psi	0～5800psi

顶峰产品目录

续表

顶峰产品目录		
测试参数	MK1 E6	MK2 E7
参数测量指标		
压力测量范围	0～5000psi	0～5800psi
压力测量精确度	±0.2%	±0.1%
压力测试分辨率	0.1psi	0.1psi
压力漂移量	—	—
温度测量范围	0～125℃	0～150℃
温度测量精确度	±1%	±1%
温度测量分辨率	0.1℃	0.1℃
振动测量范围	0～5g	0～5g
振动测量精确度	±1%	±1%
振动测量分辨率	0.003g	0.003g
漏电流测量范围	0～20mA	0～20mA
漏电流测量精确率	±0.05%	±0.05%
漏电流测量分辨率	0.001mA	0.001mA
数据更新时间	5s	2s

2.1.1.2　电机

电潜泵电机是电潜泵机组的动力输入装置，其将电能转变为机械能带动电潜泵旋转，将油井中的井液举升到地面。电机内腔充满电机油以隔绝井液和便于散热；有保护器专门用来隔离密封井液与电机油。

（1）电机结构组成

电机的结构如图 2-4 所示，它主要是由定子系统、转子系统、止推轴承和机油循环系统等部分组成。

① 定子系统　主要由定子铁芯、定子绕组和电机壳体三部分组成。

a. 定子铁芯　由优质性能的硅钢片冲压成定子冲片叠压而成，其主要作用是导磁和嵌入绕组。

b. 定子绕组　由 F46 薄膜（H 级绝缘）绕包铜线制成的三相绕组在定子空间呈 120°角，其主要作用是通过三相交流电流产生旋转磁场，耐温等级 180℃以上。

c. 电机壳体　由优质碳素结构钢制成，有足够的强度，起结构支撑

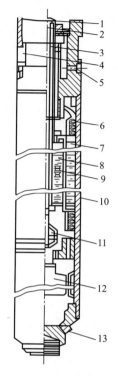

图 2-4 电机结构示意图

1—扁电缆；2—止推轴承；3—轴；4—电缆头；5—注油阀；6—引线；

7—定子；8—转子；9—扶正轴承；10—壳体；11—润滑叶轮；12—滤网；13—放油阀

和连接作用。

② 转子系统 转子由许多相同的转子节、扶正轴承和空心轴等组成。

a. 转子节 由优质性能的硅钢片冲压成转子冲片叠压而成，其作用是导磁并产生电磁转矩，输出机械功率带动电泵旋转。

b. 空心轴 由细长的优质合金无缝钢管制成，其主要作用是通过轴键连接转子组成一个整体，并传递转子输出的转矩。轴中空的结构可使电机油在其中循环，以保证电机轴承润滑和散热。

c. 扶正轴承 防止细长转子转动与定子相摩擦，起扶正作用。主要是由转子铜套和不锈钢制成的轴承构成滑动轴承，每两个相邻的转子之间安装一个。

③ 止推轴承 一个滑动轴承，由"静块"和"动块"组成，主要用于承受转子系统的重力。

④ 机油循环系统　机油循环系统主要包括轴孔、转子与定子之间的间隙和各通油孔，润滑油为潜油电机专用润滑油。主要起润滑和平衡潜油电机内部温度的作用。

⑤ 接头　电机定子的两端安装各种接头，如电机头、上接头、连接接头、下接头、中间接头等。主要作用是对上下起连接作用（机械及电），同时通过轴瓦将转子固定在电机中。

（2）电机结构特点

① 细而长的结构　由于电潜泵机组要下入到油井内吸取井液，其外径受到井直径的严格限制。因此为了保证电机能够提供足够的输出功率，只能增加电机的长度，从而使电机呈现细长的结构，电机外径与其长度比最大可达 1：100 左右。常见的外部直径与适应井径如表 2-7 所示。

表 2-7　常见的外部直径与适应井径

电机外径/in	3.87	4.56	5.40	5.62	7.38
最小适用套管外径/in	5.5	5.5	7.0	7.0	9.625

注：1in=2.54cm，全文同。

② 转子分节　电机细长的结构特点，加之电机的同步高速运转，决定了必须加强转子的支撑。为了保证电机转子运转的可靠性，使定子、转子不会相摩擦，电机转子采用多支点径向支撑，支撑点为扶正轴承。整个转子是由多节相同的小转子节串联组成的，每两节之间放置一个扶正轴承作为径向支撑点。每节转子的长度则取决于转轴的挠曲条件。

③ 电机与外部连接形式方便可靠　对外机械连接，轴与轴之间采用花键套连接，部件与部件之间采用法兰连接；电气连接采用插头插座连接。

④ 采用充油式具有特殊的内腔油循环系统　油循环的油道是由转轴的空心腔、径向轴孔及气隙等连通而成的。其流体介质是特殊的潜油电机润滑油，不但要求具有一定的黏度，而且绝缘强度要求也较高。电机正常运行时，密封在电机内部的电机润滑油随着转子带动止推轴承高速旋转，将气隙中的电机润滑油通过转轴的径向油孔压入转轴的空心腔内，从其上端出口再回流到气隙中去，即形成了一个油路循环的闭合回路。这样不断地循环，不但润滑了电机内部的各种运动部件，而且把电机内部的大量热量通过电机的两端及定子铁芯传给机壳，散到油井的井液中，

实现润滑和冷却的双重目的。

（3）电机的工作原理与工作特性

① 潜油电机的工作原理　潜油电机的工作原理与其他异步电动机一样，当定子绕组的三相引出线接通三相电源时，在电机内将产生一个转速为 n 的旋转磁场：

$$n = 60f/p \tag{2-1}$$

式中　n——转速，r/min；

　　　f——频率，Hz；

　　　p——电机级数。

磁场转向取决于电源的相序。由于转子绕组与旋转磁场之间有相对运动，根据电磁感应原理，转子导体中将产生感应电动势。由于转子绕组是闭合的且认为是纯阻性的电路，则转子导体中将有感应电流通过。因为载流导体在磁场中受到电磁力的作用，由此产生电磁转矩，其方向与旋转磁场的方向一致。若电磁转矩大于轴上的阻力矩时，转子就会沿着旋转磁场的方向转动，此时电机从电源所接受的电能转变为机械能输出。

② 电机的工作特性

a. 转速特性　在运行频率一定，输出功率变化时，电机的转速有一定的变化。随着电机负载的增加，电机转差率也逐渐增大，即转速稍有下降。在一般的电机中为了保证电机有较高的效率，额定负载的转差率为 1.5%～5%，即表示额定转速只比同步转速低 1.5%～5%。

b. 定子电流特性　电机定子电流随输出功率变化而变化。空载时，转子电流接近于零，定子电流几乎全部为激磁电流。随着负载的增大，转子转速下降，转子电流增大，为抵消转子电流所产生的磁动势，定子磁动势和电流将随之而增大。

c. 功率因数特性　电机的功率因数随着输出功率变化而变化。电机空载运行时，电机定子电流基本是激磁电流，电机功率因数较低，为 0.1～0.2。加上负载增加，转子输出的电机功率增加，定子电流中的有功功率增加，电机功率因数随之增加。对一般电机在额定负载附近，功率因数将达到其最高值，若负载率继续增加，由于转差率较大，电机转子的功率因数快速下降，电机的功率因数下降。

d. 转矩特性　由于电机从空载到额定负载，转速变化很小，故输出功率变化时，电机转矩变化不大。

e. 效率特性　电机效率随输出功率变化而变化。空载时输出功率为零，电机效率为零。随着负载的增加，输出功率逐渐增大，电机效率增加，直到定、转子铜耗以及杂散损耗之和等于铁耗和机械损耗之和时，电机效率达到最大。若负载继续增加，电机效率就要下降。一般电机的最大效率发生在负载率为 70％～105％，电机的容量越大，电机效率越高。

由于电机的效率在输出功率达到额定功率附近时达到最大，因此在选用电机时，应使电机的功率与保护器、分离器、离心泵相匹配。一般推荐 50Hz 下固频机组电机的负载率为 80％～85％左右，欲提频至 60Hz，电机负载率在 60％～65％左右。若所配电机额定功率过大，电机长期在低负载率下运行，不仅电机效率比较大，不够经济，而且设备成本相对较高；若电机所配额定功率小于负载率，电机超负荷运行，电机损耗增加，将使电机过热而损坏。电机特性曲线如图 2-5 所示。

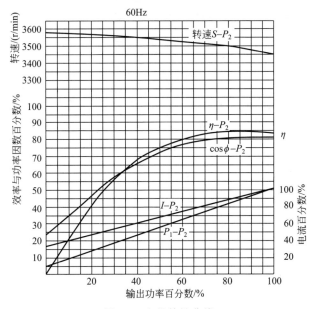

图 2-5　电机特性曲线

（4）电机技术要求与试验

① 电机主要技术要求

a. 电机总装完成后，基本参数和连接尺寸应符合图纸要求。

b. 电机组装后内腔应承受 0.5MPa 气压试验，历时 5min 无泄漏现象。

c. 冷态绝缘电阻大于 2000MΩ，冷态直阻三相不平衡度不大于 2%。

d. 电机充油后，定子绕组对机壳应能承受历时 1min 的直流耐压试验而不击穿，试验电压值为交流 50Hz（2 倍的额定电压值＋1000V）。

e. 电机空载试验后，在额定电压运转情况下突然断电，转子停转时间，456 系列、540 系列、562 系列分别不低于 3s、4s、5s。

f. 电机油样应能承受 15kV，在极间距为 2.5mm 的标准放电器内进行 1min 的介电强度试验不击穿。

② 电机试验

a. 电机试验依据　GB/T 16750—2015 潜油电泵机组。

b. 制造厂家生产的潜油电机通常均要进行出场试验

空载试验：空载损耗、空载电流、油压、滑行时间。

检查试验：绝缘电阻、直流电阻、耐电压试验。

负载试验：每套机组电机负载试验。

（5）影响电机性能与可靠性的主要因素

① 高含气液体对电机的影响——负载变化大，运行不平稳。

② 高黏流体对电机的影响——增加电机的负载。

③ 平台供电系统不完善的影响——电压不平衡将导致电流不平衡，一般控制电流不平衡度不超过 5%额定电流为宜，电机两端电压不高于或低于额定电压的 10%。

当电源频率不变而电压过高 [约＞$1.1U_n$（额定电压）] 时，电机铁芯磁路将可能会出现过饱和现象，主磁通的增大会使激磁电流急剧增加，导致定子电流增大。如果该状况持续时间较长，就会造成电机过热，以至温升超过允许值，加速绝缘层材料的老化，形成热击穿而烧毁。

当电源频率不变而电压过低（约＜$0.9U_n$）时，电机将出现欠励磁状态，此时，电机的转矩将会按电压的平方关系下降，若在启动时，启动转矩下降很多，将造成电泵启动困难。另一方面是正在运行的电机，如果负载不变，（重载或额定负载时）转子就必须保持一定的电磁转矩来平衡负载的阻力矩，迫使转子电流增大，从而导致定子电流增大，使电机过热，温升增高，加速绝缘层材料老化，形成热击穿而烧毁。

④ 瞬间电压波动对电机造成影响。

⑤ 井筒温度对电机的影响——温度"8 度法则"，即每升高 8℃，电机绝缘材料寿命将缩短一半，电机的寿命主要取决于绝缘材料的寿命。

⑥ 砂、蜡及其他杂质的影响——卡泵等情况，电机负载变化。

2.1.1.3　保护器

保护器是电潜泵机组的重要组成部分之一，位于电机与气体分离器之间，上端与分离器相连，下端与电机相连，起保护电机作用。

（1）保护器的基本作用

① 密封电机的动力端，防止井液进入电机内部；

② 在运行过程中，对电机内润滑油的膨胀和收缩有容纳和补偿作用，同时平衡电机内外腔压力；

③ 承受来自多级离心泵的轴向力；

④ 连接电机和泵（或分离器），为泵传递动力。

（2）保护器工作原理

保护器的种类很多，从原理上可以分为连通式保护器、沉淀式保护器和胶囊式保护器三种，它们结构组成分别如图 2-6～图 2-8 所示。对于一般井，只用一种保护器；对于特殊井，可用两级或多级串接的组合式保护器，一般组合方式是沉淀式保护器＋胶囊式保护器。常用的保护器类型有沉淀式保护器、胶囊式保护器、沉淀＋胶囊组合式保护器。

① 沉淀式保护器工作原理　沉淀式保护器通过沉淀管与井液连通，由于每个沉淀室的上方均有一道机械密封，所以保证进入沉淀室的井液能处在沉淀室的下方（利用井液比电机油密度大的原理，密度大的井液在下方，密度小的电机油在上方）。井液不能通过沉淀室上方的连通孔流入下级沉淀室和电机中，保证了电机内部电机油的清洁度和绝缘性能，同时提供了电机油受热膨胀的路径和容腔，既保证了密封又使机组内外压力平衡。

② 胶囊式保护器工作原理　当机组下入井底后，由于温度升高使电机油膨胀，部分电机油进入收缩的胶囊。电机启动后，电机温度升高，

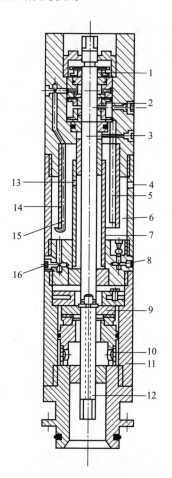

图 2-6　连通式保护器结构示意图

1—单端面；2—双端面；3—放气阀；4—连通孔；5—回油管；6—连通室；7—护轴管；8—注油阀；
9—轴承；10—过滤器；11—壳体；12—轴；13—呼吸孔；14—隔离套；15—供油管；16—放油阀

又有部分电机油进入收缩的胶囊，达到温度最高值时，电机油不再膨胀，保护器的胶囊完全容纳了由常温到井底温度、再到电机工作温度时膨胀的电机油。保护器胶囊在电机油与井液之间形成了弹性的隔离层，由于它的调节作用，使得电机在运行和停机时，电机油的热胀冷缩不会导致井液进入电机内腔，保护了电机绝缘。

③ 沉淀＋胶囊组合式保护器工作原理　组合式保护器是由沉淀式标准单元及胶囊式标准单元组合为一体，沉淀式标准单元与沉淀式保护器相同，胶囊式标准单元与胶囊式保护器相同。当第一个单元保护器失效第二个单元继续工作。

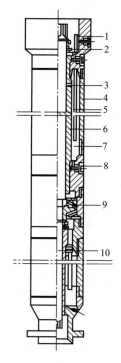

图 2-7　沉淀式保护器结构示意图

1—连通管；2—端面密封；3—连通孔；4—壳体；

5—沉淀管；6—护轴管；7—沉淀室；8—注油阀；9—推力轴承；10—轴

（3）保护器试验

① 轴伸及窜量检查　装配时按照图纸要求检查上下轴伸及窜量尺寸，应符合设计要求。

② 静态试验　保护器静态试验的目的主要是检查保护器机械密封、螺纹等密封情况。

a. 机械密封的气压试验　用干燥空气或氮气对机械密封加压 0.07MPa 持续 5min 无泄漏为合格。

b. 整机密封性能试验　向保护器机体内加压 0.5MPa 持续 5min，观察接口及螺塞，无泄漏为合格。

c. 胶囊密封性能试验　胶囊装配前后均需经过 0.047MPa 气压试验持续 5min 不泄漏。

③ 动态性能试验　动态性能试验是对保护器组装后配合情况的检查，模拟保护器的工作转速，检查保护器的功率损耗。总装配的所有外壳与

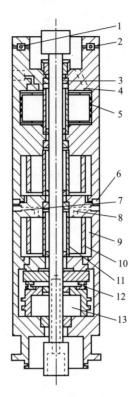

图 2-8   胶囊式保护器结构示意图

1—平衡阀入口；2—平衡阀出口；3—机械密封；4—连通管；5—胶囊；6—注油孔；

7—放气孔；8—连通孔；9—沉淀室；10—隔离筒；11—护轴管；12—止推轴承；13—过滤器

支座连接螺纹的旋紧力均不得小于 2000N·m，组装完成后盘轴力矩不大于 6N·m。

2.1.1.4　气体分离器

（1）气体分离器的作用与常见类型

气体分离器是电潜泵机组的四大部件之一，位于保护器和离心泵之间。气体分离器有两个基本作用：一是作为井液进入离心泵的吸入口；二是混气液体进入离心泵之前，先通过分离器进行气、液两相分离。被分离出的气体进入油、套管环形空间，液体则进入潜油泵内，这样就可以避免气体对泵产生气蚀，减少气体对潜油泵工作性能的影响，从而提高泵效及延长泵的使用寿命，使电泵机组能够正常运转。

分离器按不同的工作原理分为沉降式和旋转式两种，但基本原理是相同的，都是利用气液的重度差制成的，通过增加气泡的轴向速度，降低径向向心速度来分离，不过前者是自然分离，后者是强制分离。在泵挂处流压高、自由气液比低的井，用一级分离器即可；对于压力低、自由气液比高于 30% 的井，用二级分离器串联可进一步提高气体分离器的效果。

　　图 2-9 是 Reda 公司沉降式分离器的结构图，图 2-10 是旋转式分离器的结构图。

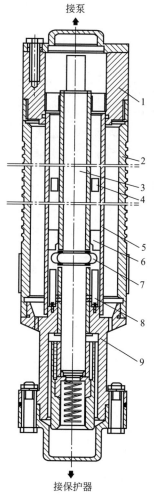

图 2-9　Reda 沉降式分离器结构图

1—上接头；2—外壳；3—转轴；4—扶正器；5—隔离筒；

6—流体导向片；7—叶轮；8—内腔进液筒；9—下接头

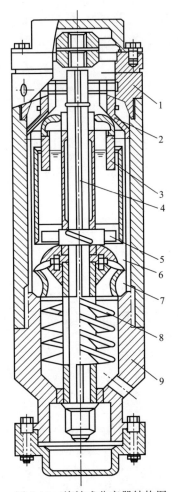

图 2-10   旋转式分离器结构图

1—上接头；2—分流壳；3—分离腔；4—轴；5—导向轮；6—导轮；7—叶轮；8—诱导叶轮；9—下接头

（2）沉降式分离器的工作原理与使用条件

① 工作原理   井液首先从入口进入气体分离器的外腔环形空间，由于流动方向发生 180° 的转折和流速的变化，使得压力降低，从而使部分气体分离出来，进入外腔环形空间的气液混合液速度较低也产生一些附加的自然分离，这样使混合液中较小的气泡聚集成较大的气泡，在浮力作用下气体沿外腔的环形空间上升，进入油套环形空间。分离过的液体通过分离器底部的内腔进液孔进入分离器的内腔环形空间，并经过底部的轴流式叶轮提高压力，沿内腔环形空间被举升到多级离心泵入口，供泵抽吸。

② 使用条件　沉降式分离器的主要使用条件有以下几个方面：

a. 沉降式分离器主要是依靠气液两相自然的重力作用达到分离目的，该分离器结构使得其更适用于低流速和低流量条件，而在中高速情况下分离效率欠佳。

b. 筛网型气液分离器对纯的两相流是有效的，试验表明，当在油井中使用时，筛网会很快被堵塞，失去分离作用。

c. 沉降式分离器可分离直径大于 1.5mm 的气泡，但在井液中大量气泡的直径为 0.1～0.3mm，仅少量的气泡直径达到 1～2mm 以上，因此此分离器只能分离少部分的自由气。

d. 根据相关资料，沉降式分离器分离泵吸入口处自由气百分含量较低，为 15% 左右，且分离效率最高只能达到 37%，若吸入口自由气含量超过 15%，分离器分离效率将大大下降。

综上所述，沉降式分离器气体处理能力有限且分离效率较低，超出其气体处理能力后将使电潜泵的工作特性受到严重影响。

（3）旋转式分离器的工作原理与使用条件

① 工作原理　混合液进入分离器后，分离器的高速旋转使混合液的流向经过导向轮后，由径向流变为轴向流进入分离腔。混合液在高速旋转分离腔内做匀速圆周运动。由于离心力原理，密度大的液体甩向外围，密度小的气体则聚集于轴心附近。被甩向外围的液体，经分流壳进入泵的第一级；气体则经过分流壳的分叉流道、再经过上接头放气孔进入油套环空。

② 使用条件　旋转式气体分离器是一种主动式分离装置，其分离能力较强，可处理泵吸入口处达 30% 的自由气，且分离效率可达 90% 以上。

旋转式分离器依靠高速旋转使混合液产生离心力分离气液两相。若井液含砂，在高速旋转下易使分离器内壁受到磨损，严重时可将壳体磨穿而断裂。因此，旋转式分离器只适用于含砂量小或不含砂的油井中。

2.1.1.5　电潜泵

（1）电潜泵的作用与工作原理

① 电潜泵作用　电潜泵多为多级离心泵或混流式泵，在油井中电机将机械能传递给电潜泵，电潜泵叶轮高速旋转将井液从井中抽送至地面。

② 工作原理 电泵机组启动后，电机转动带动泵轴及轴上的叶轮高速旋转，充满在叶轮流道内的液体在离心力的作用下，从叶轮中心沿叶片间的流道甩向叶轮四周，液体受叶片的作用，使压力和速度同时增加，并经导轮的流道被引向次一级叶轮。这样，逐级流过所有的叶轮和导轮，进一步使液体的压能增加，逐级叠加后就获得一定的扬程，从而将井液举升到地面。

（2）电潜泵结构组成

电潜泵包括固定和转动两大部分。固定部分主要由导轮、泵壳和轴承外套组成；转动部分包括叶轮、轴、键、摩擦垫、轴承和卡簧，其结构组成如图 2-11 所示。

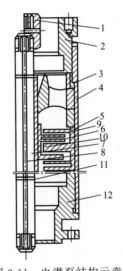

图 2-11 电潜泵结构示意图

1—花键套；2—泵头；3—上部轴承总成；4—泵壳；5—导轮；

6—叶轮；7—泵轴；8—键；9—上止推垫；10—下止推垫；11—卡簧；12—泵底座

① 叶轮 叶轮是电潜泵的核心部分，它是将机械能转变成生产流体压能的关键部件，液体通过叶轮时，液体的压能和动能都得到增加，叶轮结构见图 2-12。

按叶轮的作用，可将电潜泵中的叶轮分为浮动叶轮、顶部浮动、压紧叶轮、轴承叶轮等四种。前三种叶轮在泵中的安装顺序是从上到下依次为：压紧叶轮、顶部浮动、浮动叶轮。浮动叶轮在装配后允许有一定的轴向窜动量，叶轮之间互不影响。这样装配有几点好处：装配时不存在轴向的长度累积误差问题；在一定排量范围内，叶轮处于浮动状态，

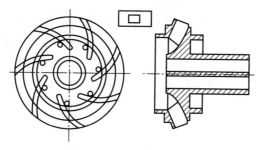

图 2-12　叶轮结构示意图

叶轮消耗的摩擦功率小，泵效比较高，接触部分的磨损小。对于浮动叶轮，泵工作排量必须处于合理排量范围内工作叶轮才处于悬浮状态，否则，叶轮要么靠上贴紧导轮，要么靠下贴紧导轮，都增加摩擦和磨损，浮动叶轮工作时受力如图 2-13 所示。

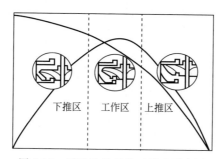

图 2-13　浮动叶轮工作时受力示意图

　　② 导轮　导轮是泵的固定部分，其与叶轮吸入口配合形成吸入室将液体引入下一级叶轮的进口处。它一方面将动能转变成压能，降低速度，减小摩阻损失；一方面改变流向，将流体导入下一级叶轮入口，导轮结构如图 2-14 所示。

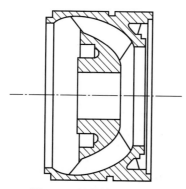

图 2-14　导轮结构示意图

③ 泵轴   泵轴将来自电机的扭矩传递给泵内的每一级叶轮,并通过花键连接传递给上一节泵。其特点是传递功率大,细长,两端为花键,轴向上有一通长的键槽,如图 2-15 所示。

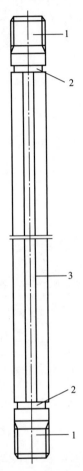

图 2-15   泵轴示意图

1—外花键;2—挡圈沟槽;3—键槽

④ 平键   电潜泵的平键为细长形键,安装在泵轴与叶轮之间。其侧面为工作面,不能承受轴向力,保证叶轮可以轴窜动。

⑤ 泵壳   泵壳是泵的外壳,它是多级叶导轮的支架。要求直线度为0.1/1000,材料的抗拉强度较高,弹性和刚性好。美国采用钢板卷焊成型,国内采用无缝管热扎或冷拔制造。

(3) 电潜泵的主要性能参数

① 排量   泵的排量是指泵在单位时间内所抽送液体的体积。排量用

Q 表示，其单位一般为立方米/天（m³/d）。泵的合理工作排量并不是某一个点，而是一个区域，泵的额定排量必定是在泵合理排量范围内接近最高泵效的位置。一般电潜泵的合理排量约在最高效率点的 0.7～1.3 倍之间，泵在这个排量范围内工作时，可以使叶轮工作在导壳的中间位置，可避免（或减轻）叶轮减磨垫不必要的磨损，延长泵的运行寿命。

② 扬程　电潜泵的扬程是指单位重量的液体流过电潜泵后其能量的增值，即电潜泵压力出口处单位重量液体的机械能减去吸入口处单位重量液体的机械能。扬程用 H 表示，其单位一般为米（m）。

③ 转速　电潜泵的转速是指单位时间内电潜泵内叶轮的回转数，电潜泵的转速用 n 表示，单位一般为 r/min。

④ 功率　电潜泵的功率是指电潜泵的输入功率，即机组电机传递给电潜泵的功率，用 P 表示，单位一般为 kW。

⑤ 效率　电潜泵的输入功率与输出功率是不相等的，在电潜泵内部有功率损失，功率损失的大小以效率来衡量。电潜泵的效率是输出功率与输入功率之比，一般用 η 表示。

（4）电潜泵主要特点

与普通离心泵相比，电潜泵具有以下特点：

① 直径小、长度长，外径一般为 98～171.5mm，长度可达 20m；

② 排量范围大，排量范围可达 30～5000m³/d；

③ 级数多，级数可达 450 级；

④ 扬程高，扬程一般在 150～4500m；

⑤ 泵吸口有气体分离或压缩装置，防止气蚀和提高泵效；有径向扶正、轴向卸载和液压平衡机构。

2.1.1.6　潜油电缆

潜油电缆作为电潜泵机组输送电能的通道部分，长期工作在高温、高压和具有腐蚀性流体的环境中。为使电潜泵机组长期正常运行，要求与之相配套的动力电缆具有较高的电气性能，耐高温、高压和耐腐蚀。

（1）潜油电缆的分类

潜油电缆按用途和外观形状可分为小扁电缆（又叫电机引接电缆，

俗称"小扁")、大扁电缆(俗称"大扁")和圆动力电缆;按温度等级一般可以分为 90℃、120℃、150℃ 3 个等级,部分厂家还可生产更高等级的潜油电缆。其结构如图 2-16 所示。

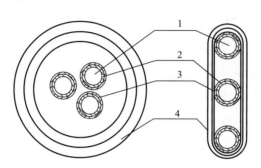

图 2-16   潜油电缆结构示意图
1—导体芯线;2—绝缘层;3—护套层;4—钢带铠装

(2)潜油电缆的组成

电缆一般由导体芯线、绝缘层、护套层和钢带铠装组成。

① 导体芯线一般是三芯实心或三芯七股铜绞线,作用是传递电能。

② 绝缘层为芯线外挤包的塑料或橡胶,具有很高的介电性能和可靠的密封性,其作用是保持电缆的电气性能长期稳定。绝缘材料一般有乙丙橡胶和聚丙烯等。

③ 护套层是在三根芯线成缆后的绝缘层外挤包的橡胶或铅护套,以防止绝缘受潮、机械损伤和原油、盐水、H_2S、CO_2 等化学物质的浸胀、腐蚀,有一定的机械强度和良好的气密性。低于 90℃ 的井,护套层材料一般为丁腈橡胶,高于 120℃ 和高含气井一般采用铅护套。

④ 钢带铠装处于电缆的最外面,为瓦楞结构,为了防止电缆护套层在下井过程中损伤以及对护套层起束缚作用,在护套层外用镀锌钢带、蒙乃尔钢带或不锈钢钢带进行瓦楞装铠,防止护套层爆裂。根据用户的需要可以提供三种不同铠皮的电缆。

(3)潜油电缆的特点

潜油电缆的工作环境比较恶劣,其与普通电缆相比有以下特点:

① 根据油井的需要,潜油电缆的长度可以从几百米到几千米。

② 具有良好的耐油、气、水和腐蚀介质等性能。

③ 引接电缆终端配有与电机连接的专用密封电缆接头。

④ 为满足油井对机组尺寸的要求，潜油电缆的连接一般有"扁-扁连接"和"扁-圆连接"两种方式。

⑤ 潜油电缆要适应施工和环境温度（$-30 \sim 40℃$）的要求，以确保在作业时电缆护套层不破裂。

（4）潜油电缆的性能指标

衡量潜油电缆的性能指标有 5 个，即绝缘电阻、直流电阻、电容、电感和直流耐压，部分厂家也有交流耐压。绝缘电阻用于衡量绝缘性能，越高越好，一般大于 $1000M\Omega/km$，采用摇表测量。直流电阻是衡量电缆压降损失的指标和电缆尺寸的选择依据，可以用万用表直接测量，也可以计算，只有几个欧姆，一般 4Ω 以下。直流耐压是通过室内水池实验进行测定和出厂检验的。电容和电感随材料、结构和长度变化，测试仪表精度较高，一般不做出厂检验。

2.1.1.7　电缆头

电缆头是电机和电缆连接的特殊部件，电缆头质量的好坏将直接影响到机组能否正常运行。由于电缆头同机组一样长期工作于高温、高压和腐蚀性气体环境当中，因此要求电缆头应具有较高的电气性能和机械性能。

目前，各个电潜泵生产厂家都有自己独特的产品，种类较多。从其密封种类来分，有全胶式电缆头和 O 型密封圈密封的电缆头两种；从与电机连接的方式来分，有插入式电缆头（如图 2-17 所示）和缠绕式电缆头（如图 2-18 所示）两种。

（1）插入式电缆头结构与密封原理

插入式电缆头主要由上下壳体（铜或钢）、上下绝缘压垫、与电机插座相插配的三相插头、纵向密封胶垫及尾部浇注密封端等组成。

插入式电缆头与电机连接时，径向采用双道氟橡胶 O 型密封圈密封，电缆头纵向密封，由丁腈橡胶浇注和增韧环氧浇注而成，尾部密封采用增韧环氧浇注而成。上述材料具有良好的耐油性，并且能与金属、橡胶粘接，密封可靠，能够满足油井使用条件。

（2）缠绕式电缆头结构与密封原理

缠绕式电缆头的外壳为金属铸体，采用整体结构，由装有绝缘定位

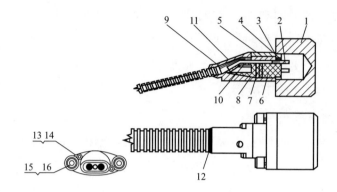

图 2-17 插入式电缆头结构图

1—护盖；2—端子；3—O型圈；4—铅垫；

5—底座；6—下垫块；7—密封圈；8—上垫块；9—帽；

10—环氧塑料；11—绝缘带；12—焊锡；13，15—螺钉；14，16—垫片

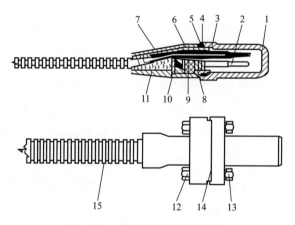

图 2-18 缠绕式电缆头结构图

1—护盖；2—端子；3—压环；4— O型圈；5—铅垫；6—电缆头体；7—绝缘带；8—下垫块；

9—密封垫；10—上垫块；11—环氧塑料；12—螺栓；13—螺母；14—纸垫；15—电缆

的上、下绝缘块，焊在电缆芯线上的三相端子及纵向密封垫及固定电缆的环氧塑料等各部件组成。

电缆头泄漏途径有两个，即纵向和横向。所以电缆头的密封结构也主要是横向密封和纵向密封两大部分。

纵向密封：用可拉伸的压敏带将电缆护套封好，防止井液自电缆护套窜入电缆头部，同时由于压敏带具有良好的耐热性与电性能，可以保证电缆头在固化和使用中具有较高的耐热性和电性能。借助压环的压力

使上下绝缘块之间的密封垫弹性变形，产生一个横向的应力，作用于电缆及电缆头壳体，其间的黏结剂在应力作用下经过高温固化，使界面之间的分子交联，形成一体达到纵向密封的作用。在压环和壳体螺纹连接外压一铅垫，达到辅助纵向密封的作用。

横向密封：横向密封是由 O 型密封圈完成的，为了满足电缆头使用的苛刻条件，一般采用氟橡胶制成。其连续工作温度可达 320℃，对油和各种酸类的耐腐蚀性能良好。

2.1.1.8　电缆护罩

电缆护罩与电缆一起通过绑带固定在油管外表面，防止电缆在下井过程中受到机械损伤，可分大扁护罩和小扁护罩两种。小扁护罩结构一般是槽钢结构，尺寸较小。大扁护罩有笼形结构和筒形结构两种，如图 2-19 所示。

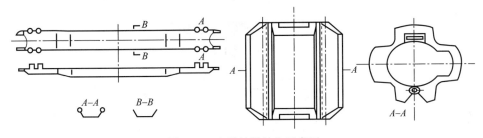

图 2-19　电缆护罩结构示意图

2.1.1.9　单流阀

图 2-20 是油田常用的一种单流阀，其作用主要是：保持足够高的回压，使得泵在启动后能很快在额定点工作；防止停泵后泵以上流体回落引起机组反转脱扣，在电泵停机的情况下，油管内充满的井液所造成的回压，只相当于在高扬程下启动，从而容易启动，以防启动时损坏机组；同时便于生产管柱验封。单流阀一般安装在泵出口 1～2 根油管处，采用标准油管扣于上下油管连接。

2.1.1.10　泄油阀

在安装单流阀以后，会给起泵作业带来一定的麻烦，在卸油管时，

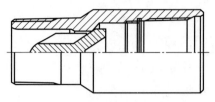

图 2-20 一种常用单流阀结构示意图

井场就会油流满地。为了解决这一问题，一般在单流阀以上 1～2 根油管
处安装泄油阀。它是检泵作业上提管柱时油管内流体的排放口，以减轻
修井机负荷以及防止井液污染平台甲板和环境。泄油阀目前有两种：投
棒泄流、投球液力泄流。前者用于稀油和高含水稠油井比较合适，用于
稠油井泄油成功率低；后者可以重复使用，用于低含水稠油更好，成功
率高。图 2-21 是一种常用泄油阀的结构。在电潜泵生产时，必须特别注
意，一定要防止刮蜡器或测试仪器下放过深而损坏泄油阀，否则会带来
不必要的麻烦。

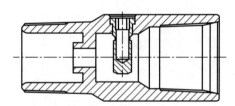

图 2-21 一种常用泄油阀结构示意图

2.1.1.11 扶正器

扶正器主要用于斜井，位于电机尾部，其作用是使电机居中，使得
电机外部过流均匀，散热环境好，防止电机因局部高温而损坏。Y 型管
柱井不采用。

2.1.2 地面系统组成

电潜泵采油系统的地面部分由配电盘、变压器、控制柜或变频器、
接线盒和电潜泵井口组成。

2.1.2.1　变压器

电潜泵变压器的作用是为电潜泵提供高达几百乃至几千伏的工作电压。它是利用电磁感应的原理来进行工作的：变压器原、副边电压之比决定于原、副线圈匝数之比，只要改变原、副线圈的匝数，便可达到改变电压的目的，把一种电压的交流电能转变成同频率的另一种电压的交流电能，电潜泵变压器就是将电网电压转变为潜油电机所需要的电压。

变压器按其冷却方式可以分为油浸式和空冷式（干式）两种，按使用环境可分为船用和陆用，按用途可以分为降压变压器和升压变压器。油浸式变压器体积相对较小，干式变压器体积较大，但散热性能好、噪声小、防爆性能好、寿命长，比较适用于海上油田开发。海上油田使用的一般为三相干式或油浸式船用变压器。目前，有两种变压器系统，一种是一台变压器对一台电潜泵供电的单一变压器，一种是一台变压器对多台电潜泵供电的公用变压器。

变压器的额定参数有以下几个：

① 额定容量　为变压器的额定视在功率，单位一般用 kVA 表示。目前海上平台使用的电潜泵专用变压器额定容量一般为 130～800kVA。

② 原边额定电压　表示变压器的额定输入电压，指线电压，单位一般用 V 或 kV 表示。目前海上用变压器的输入电压一般为 3300V、480V 和 380V。

③ 副边额定电压　表示变压器的额定输出电压，指线电压，一般用 V 或 kV 表示。海上油田要求输出电压范围较宽，一般为 800～3500V。

④ 原边额定电流　表示变压器的额定输入电流，指线电流，单位用 A 表示。

⑤ 副边额定电流　表示变压器的额定输出电流，指线电流，单位用 A 表示。可根据变压器容量和额定电压计算出额定电流，目前使用的电潜泵专用变压器副边额定电流一般为 40～800A。

⑥ 额定频率　目前国内使用的额定频率为 50Hz。

还有其他参数，诸如：分接开关挡数、电压级差、额定效率、允许温升、变压器相数、接线图、阻抗、避雷方式、使用环境要求等。

变压器出厂或使用前应作以下检测：电压比试验（采用双电压表法或交流电桥法）、绕组电阻试验（采用单臂或双臂电桥测量）、绝缘性能试验、变压器油试验、空载试验、短路试验等。

2.1.2.2 控制柜

电潜泵控制柜是一种专门用于电潜泵启停、运行参数监测和电机保护的控制设备，分手动和自动两种方式。具有短路保护、三相过载保护、单相保护、欠载停机保护延时再启动以及自动检测和记录运行电流、电压等参数的功能和环节。目前，某些电泵控制设备生产厂家针对海上油田稠油井开发出了具有数据储存、数据远传、设备遥控、绝缘和电阻自动检测、反限时保护、三相电流电压不平衡保护等功能的电潜泵控制柜。

控制柜的额定参数有：额定电压、额定电流和容量等。其电气控制分为三大部分，即主回路、控制回路和测量显示。主回路包括自动空气开关、真空接触器、电流互感器、控制变压器，控制回路包括中心控制器（常称 PCC）、选择开关、启动按钮、控制开关、桥式整流电路，测量显示部分主要包括自动电流记录仪（又称圆度仪）、电压表、指示灯和井下压力温度显示仪。

其工作原理为：当主回路自动空气开关合上后，接上控制开关，控制回路经控制变压器获得一个 110V 的控制电压，把选择开关转到手动位置，在检查、调整和确认 PCC 的设定参数后，按下启动按钮，中间继电器吸合，常开触点闭合，真空接触器吸合，主回路接通，地面高压电源经接线盒和动力电缆送给井下电机，电机就开始运行，其面板上的运行指示灯亮。PCC 随时监测电机的运行电压电流，当运行电流超过 PCC 的过载设定值（一般为电机额定电流的 1.2～1.5 倍）时，PCC 发出信号中断中间继电器线圈电源而使常开触点断开，真空接触器线圈失电，触点断开，主回路失电，电机停止运行，运行灯熄灭，过载指示灯亮。当运行电流低于 PCC 的欠载设定值（一般为电机额定电流或运行的 0.7～0.8 倍时，PCC 发出停机信号（其过程与过载相同），电机停止运行，运行灯熄灭，欠载指示灯亮。

控制柜的使用环境要达到以下条件：海拔不超过 1000m；环境温度在−20～40℃；相对湿度不超过 80%；无易燃气体，在爆炸环境中无腐蚀和破坏绝缘的气体及导电尘埃；无剧烈振动和强力颠簸，安装垂直倾斜度不超过 5°。

2.1.2.3　变频器

变频器是电潜泵采油系统的一种新型控制设备，它是根据油井的生产情况（井下压力或负荷大小）改变电机供电电源的频率，用变频的方法调节潜油电机的转速，达到改变电泵排量、扬程的目的。一般包括以下几个回路：雷击保护装置回路、线路抑制板回路、正变电路、逆变电路、绝缘电路、用户接线板回路、计算机板回路、调节板回路、振荡板回路和逆变驱动板回路等几个部分。

变频器具有以下几个特点：①输出频率可在 30～90Hz 范围内连续变化，使得电机的转速在 1700～5730r/min 内变化，泵排量变化范围是额定排量的 0.6～1.8 倍，扬程范围为 0.36～3.24 倍；②可以在 8～10Hz 频率下启动电机，达到恒转矩软启动的目的，启动电流只有额定电流的 1～1.5 倍，大大减少了电机启动时的电流和机械冲击，利于延长电机寿命；③可以通过编程控制实现工作频率随油井供液和负载情况的变化，如供液不足时频率降低，泵沉没度大/泵吸口压力高时增大频率以增大排量和扬程，保证不停机改变泵工作参数而减少启动次数和以最小的能量举升液体，延长寿命和发挥最好效益；④可以改变井下电机的电感负荷，提高电机的功率因数，可以平稳保护电机转入欠压和超压状态下工作；⑤可靠性高，操作方便，可以实现输出电压、电流的连续调节，以达到输出功率连续可调的目的，使电泵采油系统处于最佳工况状态。

目前，用于电潜泵采油系统的变频器有两种，一种是恒压源的，一种是恒流源（常称 PWM）的。恒流源变频器输出的电流特性比恒压源好，如图 2-22 所示，恒流源的电流是由脉宽调制的，波形非常光滑，几乎跟正弦波一模一样。而恒压源的输出电流是由脉冲调制的，波形由大大小小的矩形波组成，高次谐波成分非常多，极不光滑，使电机和电缆的绝缘性能和线路损失很大。同时恒流源变频器具有占地省的特点，恒压源变频器地面设备配套是高低高或低高系统，如图 2-23 所示；恒流源变频器则内部可以调制输出高压，不需要升压变压器，如图 2-24 所示。

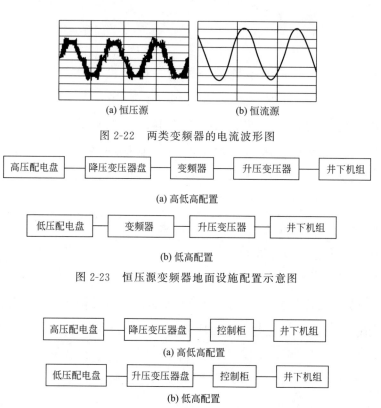

(a) 恒压源　　　　　　　(b) 恒流源

图 2-22　两类变频器的电流波形图

高压配电盘 —— 降压变压器盘 —— 变频器 —— 升压变压器 —— 井下机组

(a) 高低高配置

低压配电盘 —— 变频器 —— 升压变压器 —— 井下机组

(b) 低高配置

图 2-23　恒压源变频器地面设施配置示意图

高压配电盘 —— 降压变压器盘 —— 控制柜 —— 井下机组

(a) 高低高配置

低压配电盘 —— 升压变压器盘 —— 控制柜 —— 井下机组

(b) 低高配置

图 2-24　恒流源变频器地面设施配置示意图

2.1.2.4　接线盒

接线盒是电潜泵井下电缆与地面电缆之间的过渡连接装置，其主要作用有两个：一是可以排除由潜油电缆芯线内上升至井口的天然气，起到放空的作用，以防止天然气直接进入控制柜后，使控制柜出现电火花而引起爆炸。所以，在电潜泵系统中必须使用接线盒。另一个作用是方便地面接线工作，它必须安放在通风良好、空气干燥的环境，必须具有防滴、防渗和气体排放等功能。此外，井口出来的电缆接至接线盒，再由接线盒接至控制柜（或变频器）上，便于在接线盒处检查井下机组的对地绝缘电阻和三相直流电阻。图 2-25 是美国 Reda 公司的接线盒。

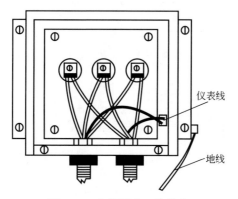

图 2-25　电潜泵井口接线盒

在一般情况下，接线盒安装位置到井口的距离应不小于 5m，到控制柜的距离应不小于 10m。接线盒距地面的高度应不小于 0.5m，接线盒应固定在水泥基础上，从接线盒到控制柜的电缆必须埋入地下。

2.1.2.5　电潜泵井口

电潜泵井口与自喷井采油树井口大致相同，区别仅在于压帽和油管挂，电潜泵井口有一个偏心并带有电缆密封装置的特殊油管挂，既可以密封动力电缆出口，又可以承受全井管柱及电泵机组的重力。电潜泵井口可分为穿膛式电潜泵井口和侧开式电潜泵井口。

（1）穿膛式电潜泵井口

穿膛式电潜泵井口，主要由油管挂、法兰盘、防喷盒、密封胶圈及防喷盒压盖等组成，其结构如图 2-26 所示。在进行井口安装施工时，首先接上油管挂，将电缆从端部把铠皮及外面的尼龙护套剥掉，一直到油管挂下面。将三根电缆并在一起，从油管挂底部穿进电缆防喷盒内并抽出。然后将三孔密封盘根穿到电缆上，压入防喷盒中，总计压入七个三孔盘根。再将三个单孔盘根压入防喷盒中，用黑胶布在电缆上绕包两层，长约 30cm，穿上压盖，对称用螺丝均匀上紧。装上钢圈、防顶套及上法兰盘，连接上适当长度的油管短节，接上采油树，提起管柱，卸掉吊卡，下放管柱捅开井下活门，同时将油管挂坐入套管头中，上紧法兰螺丝即可。

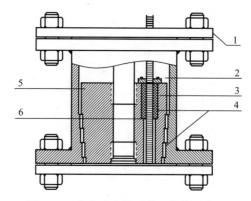

图 2-26   穿膛式电潜泵井口结构示意图

1—法兰盘；2—压盖；3—防喷盒；4—密封胶圈；5—油管挂；6—电缆

（2）侧开式电潜泵井口

侧开式电潜泵井口主要由开口法兰、开闭门、压块、油管挂及大、小支撑块接头、橡胶密封垫等部件组成，其结构如图 2-27 所示。

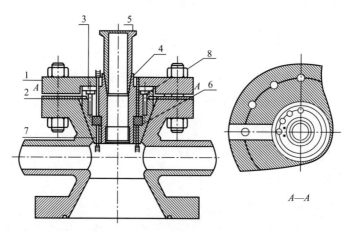

图 2-27   侧开式电潜泵井口结构示意图

1—开口法兰；2—开闭门；3—压块；4—油管挂；

5—接头；6—橡胶密封垫；7—小支撑块；8—大支撑块

在进行井口安装施工时，首先将油管挂处的电缆铠皮剥去 0.5m 长，然后打开油管挂侧门，将三根电缆芯线分别压入橡胶密封垫的半圆孔中，关上侧门，上紧螺丝。套上开口法兰，装上采油树，提起管柱，将油管挂坐入套管头中，上紧法兰螺丝即完成整个工作。由于管柱的重力和开口法兰的压紧作用，橡胶密封垫将产生横向膨胀，因而电缆引出地面以后，有效地密封了油套管环形空间。

2.2　电潜泵井生产特性

2.2.1　多级离心泵特性

离心泵的工作特性通常用流量、压头、功率、效率和转速间的相互关系曲线来表示，如图 2-28 所示。它是电潜泵生产系统设计的基础。泵特性曲线主要反映扬程-流量特性、泵轴功率-流量特性及效率-流量特性的关系，这些特性曲线是依据室内试验结果绘制而成，试验介质为清水，温度 20℃。

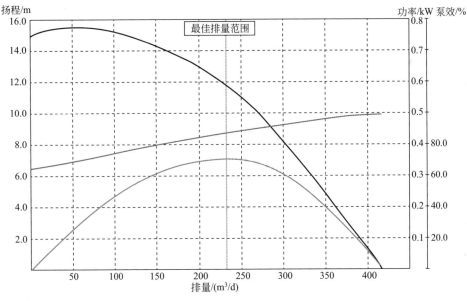

图 2-28　离心泵的特性曲线

在油井实际生产中，很难保证泵在最高效率点工作，流量可能偏大或偏小，泵厂家对每种泵型都给出了一个最佳排量范围，如果泵工作在最高效率点附近的最佳排量范围内，则认为是合理的。如果排量超出了最佳排量范围，无论偏大还是偏小，都属于在非设计工况下工作，这种状况下除有效功率小，在经济上不合理外，还会使泵产生不合理受力，产生冲击、噪声、汽蚀等，从而引起泵损坏加速，缩短使用寿命。因此在生产应用中应尽量使泵在最佳排量范围区内工作，使设备的抽汲能力与油井的供液能力相适应。

变频器的产生和发展，为离心泵提供了更广的排量适用范围，离心泵的变频特性曲线见图 2-29 所示。

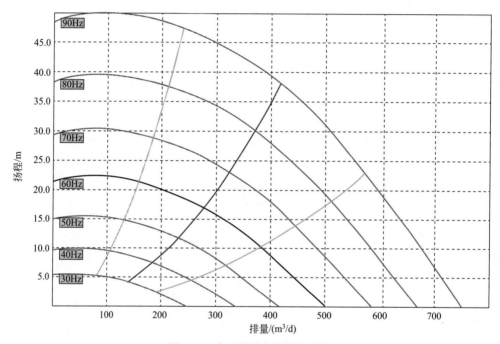

图 2-29 离心泵的变频特性曲线

影响离心泵特性曲线的主要因素包括转速、黏度、温度、气体、砂蜡垢等。

（1）转速

海上油田变频器应用广泛，通过变频器来调节电源频率，对电机转速进行调节，即是对离心泵转速进行调节，生产频率与离心泵的排量、扬程、泵轴功率与电机功率的近似规律见式(2-2)～式(2-5)。

$$Q_2 = Q_1 \frac{f_2}{f_1} \qquad (2-2)$$

$$H_2 = H_1 \left(\frac{f_2}{f_1} \right)^2 \tag{2-3}$$

$$P_2 = P_1 \left(\frac{f_2}{f_1} \right)^3 \tag{2-4}$$

$$N_2 = N_1 \frac{f_2}{f_1} \tag{2-5}$$

式中　Q——泵排量；

　　　f——电机频率；

　　　H——泵扬程；

　　　P——泵轴功率；

　　　N——电机功率。

（2）黏度

液体黏度大使得离心泵的举升功率增加，同时离心泵的扬程、排量和效率有所下降。

（3）温度

流体温度对电机和电缆的绝缘程度有较大的影响，流体温度高需要选择耐温等级高的电机和电缆，增加采油成本。

（4）气体影响

气体进泵，泵内流体密度与单相液体不同，对泵的功率产生影响。气体对泵内各种能量损失产生影响，使泵的特性偏离单相液体的特性，游离气过多，叶轮流道被气体占据，将会使离心泵停止，产生气锁，排量和效率下降。

（5）砂蜡垢影响

要求含砂量小于 0.05%。含砂后，泵叶轮磨损，举升能力下降；蜡沉积堵塞吸入口或叶轮流道，无法正常生产；泵内叶轮结垢，电机负荷增加，严重时过载停机。

2.2.2　管路特性

对于海上油田而言，为安全生产和便于对产量、工况调节，除安装带放气阀的环空封隔器外，在井口还安装有油嘴，图 2-30 为生产管柱结构图。

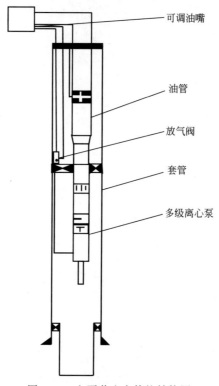

可调油嘴

油管

放气阀

套管

多级离心泵

图 2-30　电泵井生产管柱结构图

　　根据离心泵的工作原理可知，电潜泵稳定工作时的工况点是泵特性曲线（扬程 H～排量 Q）与管路特性曲线的交点。为了合理设计电潜泵井，必须弄清油井的管路特性。假定电潜泵在某一稳定流量下工作，则油井的管路特性曲线方程为：

$$H_p = H_y + H_f + H_{whp} \qquad (2\text{-}6)$$

式中　H_p——电泵在一定排量下的扬程；

　　　H_y——油井在一定产液量下，动液面离井口的距离；

　　　H_f——某产液量下，生产管柱摩阻损失压头；

　　H_{whp}——井口压头。

　　从井口到转油站间的摩阻损失，可通过井口油压体现，即在设计时根据油气集输要求，直接选取适当的井口油压值，而不必再对井口到转油站间的地面系统进行分析计算。因此，电潜泵生产系统中，管路特性仅考虑从射孔中段到井口间的流动特性。

式（2-6）表明，油井、电潜泵机组和管路三个子系统因受产液量 Q、流压 p_{wf} 的制约而相互联系。当调整产液量 Q 时，流压 p_{wf}、管路特性及多级离心泵扬程都会发生变化，这将导致电潜泵处于不同的工况点。不同工况点下电潜泵井系统效率不同，所以通过调整产液量 Q 可以找出系统效率最高点，或使系统效率保持在最高点，与此对应的泵型、级数、泵轴功率等参数即是优化设计参数。

2.3　电潜泵井系统调产方式

电潜泵井的调产相对于其他机械采油井比较简单，一般要根据油田的实际生产情况进行调产。对于海上电潜泵生产系统而言，由于受地理位置、场地及作业费用等因素的限制，不可能随着地层产能的变化随时进行检泵、换泵作业，因此，改变电潜泵工作参数使之始终高效运行成为唯一可行的方案，而最有效的调整方法有油嘴调产和变频调产，除了这两种方式外，有时也用到回流调产、间歇抽油、换泵作业等调产方式。

2.3.1　油嘴调产

通过调节油嘴来改变电潜泵井生产状态，使井下电潜泵机组高效运行，是电潜泵井调节工作参数的方式之一，由于其调节工作简单易行，并可进行再调整，因此成为现场应用比较普遍的一种方法。

常用的油嘴可分为固定式油嘴和可调式油嘴。目前海上油田主要使用的可调式油嘴，可以通过改变油嘴尺寸大小来实现油井产量调整，改变泵工况，选择高效泵工况点工作。

通过改变油嘴大小来改变油压大小，即改变了泵出口压力的大小，也就改变了泵的扬程，从而改变了泵的工况点，改变了泵的排量。油嘴缩小，油压升高，泵扬程升高，泵工作点向泵特性曲线的左边滑移，排量减小，产量减少；反之，放大油嘴，泵工作点右移，排量增大，产量增大。油嘴调产基本原理如图 2-31 所示（1hp＝745.7W）。

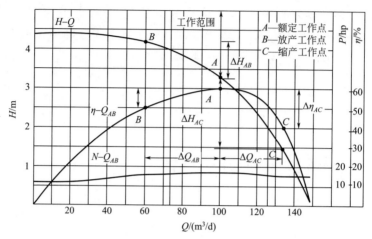

图 2-31　电潜泵井油嘴调产原理图

但是，这种调产方式的局限性很大。在泵的额定排量范围内调整时，泵的受力变化很小，不会超过泵机械性能允许值，一旦超出这一范围，会大大缩短机组的使用寿命，特别是叶轮为浮式结构的电潜泵。

对于小排量泵，在高扬程低排量区，排量对扬程很敏感，曲线很平缓，只要油嘴油压稍作调整即可达到调产的目的，且轴向力增加的幅度也不大，危害也不大，非常适合采用油嘴方式调产；对于大排量泵，在高扬程低排量区，排量对扬程不敏感，曲线很陡，即使油嘴油压变化很大，产量变化也很小，且轴向力增加的幅度也很大，对泵的危害较大。因此采用油嘴调产时要仔细研究，谨慎从事。

2.3.2　变频调产

变频器是改变电源频率的唯一设施，较陆地油田，海上油田的变频控制柜使用率较高。电潜泵是一种离心泵，其特性参数与泵的旋转速度成正比，即与电机的转速成正比，频率与排量、扬程、泵轴功率等各项参数的关系详见 2.2.1。

因此，可以通过改变电源频率来实现油井调产。这是一种很好的调产方式：频率改变后，泵仍处于最佳工作范围内运行，对泵的受力、机械部件和寿命影响很小，与油井产能匹配很好，适应范围特别广，调产方便，不需要检泵作业；电机的功率也随频率的一次方成正比地变化，放产时不需要更换大电机，缩产时电机消耗的功率也随之减小，节能效果明显。

2.3.3　其他调产方式

（1）回流调产

回流调产是一种迫不得已的办法，很不经济，而且会造成油套管腐蚀、结垢、结蜡、结死油的现象，影响以后的作业和生产。它是在油井供液不足经常出现欠载停机，油嘴缩产无效，换泵作业又不经济而无法实施变频调产的情况下，为了减少停机次数以延长机组寿命而使用的一种缩产方法。具体做法是：打开采油树的油套闸门，通过控制阀开度让产出的生产流体一部分从油套环空返回电潜泵吸口以增加泵吸口压力和沉没度，维持电潜泵的平稳运转。

（2）间歇抽油

对于前述各种调产方式都不宜采用的井，为保持泵正常工作，可考虑使用间歇抽油的方式生产。即当流压降低到泵不能正常工作时停泵，使井底压力恢复，液面升高。当压力恢复到一定程度后，再重新启泵。如此反复，间歇生产。

这种生产维持方式与换泵以外的其他调整方式对比，优点是可避免动力浪费，减少能耗和磨损，动力做功都是用来举升有效液量。但有两个缺点：一是频繁的启动对设备寿命不利；二是在压力恢复的后期，由于油层多数时间是在较高的井底压力下渗流，井的产量将受到影响。因此在具体应用时应根据油井条件、产量要求及设备条件等综合考虑来确定间抽周期。

（3）换泵作业

对于供液不足或泵排量远远达不到产能要求的井，换泵作业是一种根本解决办法。对于供液不足的井换用小泵，排量达不到产能要求的井使用大排量泵。具体参数应根据油井的实际供液能力和流体性质设计选用。

第3章

电潜泵采油优化设计技术

本章介绍了电潜泵采油系统设计过程中采用的一些采油基础理论和公式，涵盖油井流入动态、两相流等基础理论。在电潜泵采油优化设计方法的基础上，针对相应特殊情况的电潜泵井，研究形成了大排量提液电潜泵设计、单井双泵设计、高含气井塔式电潜泵设计等一系列相应技术。

3.1 电潜泵采油基础理论

3.1.1 油井流入动态

油井流入动态是指油井产量与井底流压的关系，它反映了油藏向油井供油的能力。表示产量与流压关系的曲线称为流入动态曲线（inflow performance relationship curve），简称 IPR 曲线，也称指示曲线（index curve）。

3.1.1.1 单相液流的流入动态

根据达西定律，油井的流动方程为：

$$q_{\text{o}} = J(\overline{p}_{\text{r}} - p_{\text{wf}}) \tag{3-1}$$

J 称为采油指数，它是一个反映油层性质、流体参数、完井条件及泄油面积等与产量之间关系的综合指标。其数值等于单位压差下的油井产量。因而可用 J 的数值来评价和分析油井的生产能力。一般都是用系统试井资料来求得采油指数，只要测得 $3\sim5$ 个稳定工作制度下的产量及其流压，便可绘制该井的 IPR 曲线。单相流动时的 IPR 曲线为直线，其斜率的负倒数便是采油指数，在纵坐标（压力坐标）上的截距即为油层压力。有了采油指数就可以在对油井进行系统分析时利用公式来预测不同流压下的产量。

（1）稳态条件下

在供给边缘压力不变的圆形单层油藏中心的一口井的产量公式中，采油指数为：

$$J = a\,\frac{2\pi k_{\mathrm{o}}h}{\mu_{\mathrm{o}}B_{\mathrm{o}}\left(\ln\dfrac{r_{\mathrm{e}}}{r_{\mathrm{w}}} - \dfrac{1}{2} + S\right)} \tag{3-2}$$

（2）拟稳态条件下

对于圆形封闭油藏，即泄油边缘上没有液体流过，拟稳态条件下的产量公式中，采油指数的表达式为：

$$J = a\,\frac{2\pi k_{\mathrm{o}}h}{\mu_{\mathrm{o}}B_{\mathrm{o}}\left(\ln\dfrac{r_{\mathrm{e}}}{r_{\mathrm{w}}} - \dfrac{3}{4} + S\right)} \tag{3-3}$$

式(3-1) ～式(3-3) 中　　q_{o}——油井产量（地面），$\mathrm{m^3/s}$；

k_{o}——油层有效渗透率，$\mathrm{m^2}$；

B_{o}——原油体积系数，$\mathrm{m^3/m^3}$；

h——油层有效厚度，m；

μ_{o}——地层油的黏度，$\mathrm{Pa\cdot s}$；

$\overline{p}_{\mathrm{r}}$——井区平均油藏压力，$\mathrm{Pa}$；

p_{wf}——井底流动压力，Pa；

r_{e}——油井供油（泄油）边缘半径，m；

r_{w}——井眼半径，m；

S——表皮系数，与油井完成方式、井底污染或增产措施等有关，可由压力恢复曲线求得；

a——采用不同单位制的换算系数：采用流体力学达西单位及法定单位（SI）时 $a=1$；采用法定

实用单位，即$q(\mathrm{m^3/d})$，$k(\mu\mathrm{m^2})$，$\mu(\mathrm{mPa \cdot s})$，$h(\mathrm{m})$，$p(\mathrm{MPa})$ 时$a=86.4$；若压力的实用单位中用 kPa，则 $a=0.0864$。

对于非圆形封闭泄油面积油井在拟稳态条件下的产量公式，可根据泄油面积和油井位置进行校正。其方法是令公式中的$\dfrac{r_e}{r_w}=X$，根据泄油面形状和井的位置可确定相应的 X 值，如图 3-1 所示。

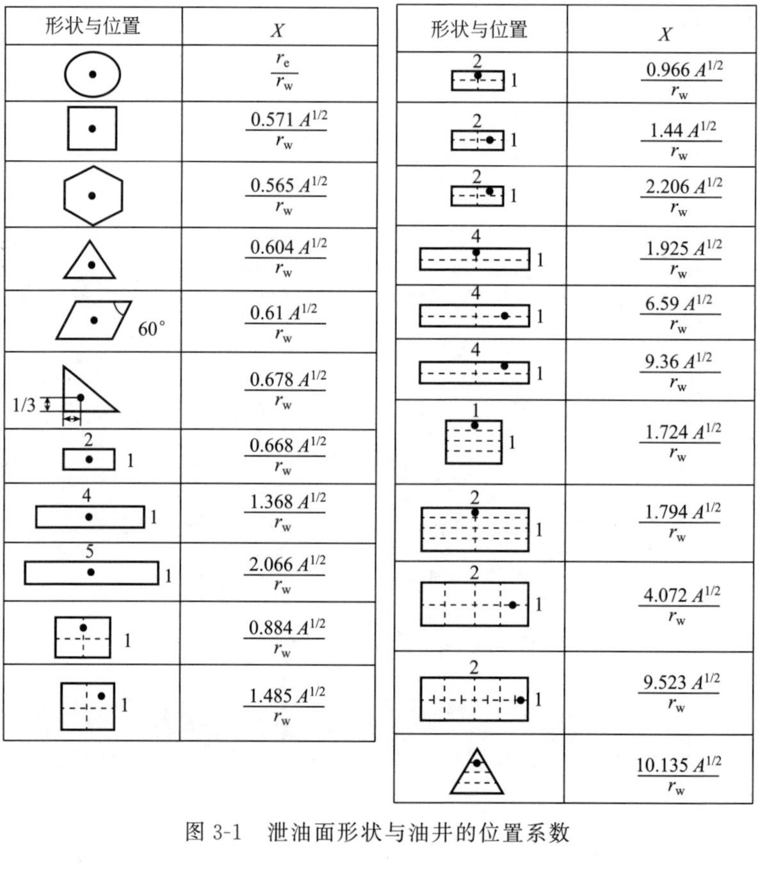

形状与位置	X	形状与位置	X
● 圆	$\dfrac{r_e}{r_w}$	⊡ 2:1	$\dfrac{0.966\,A^{1/2}}{r_w}$
▢ 正方形	$\dfrac{0.571\,A^{1/2}}{r_w}$	⊡ 2:1	$\dfrac{1.44\,A^{1/2}}{r_w}$
⬡ 六边形	$\dfrac{0.565\,A^{1/2}}{r_w}$	⊡ 2:1	$\dfrac{2.206\,A^{1/2}}{r_w}$
△ 三角形	$\dfrac{0.604\,A^{1/2}}{r_w}$	▭ 4:1	$\dfrac{1.925\,A^{1/2}}{r_w}$
▱ 60°	$\dfrac{0.61\,A^{1/2}}{r_w}$	▭ 4:1	$\dfrac{6.59\,A^{1/2}}{r_w}$
◣ 1/3	$\dfrac{0.678\,A^{1/2}}{r_w}$	▭ 4:1	$\dfrac{9.36\,A^{1/2}}{r_w}$
▭ 2:1	$\dfrac{0.668\,A^{1/2}}{r_w}$	▭ 1	$\dfrac{1.724\,A^{1/2}}{r_w}$
▭ 4:1	$\dfrac{1.368\,A^{1/2}}{r_w}$	▭ 1	$\dfrac{1.794\,A^{1/2}}{r_w}$
▭ 5:1	$\dfrac{2.066\,A^{1/2}}{r_w}$	▭ 2:1	$\dfrac{4.072\,A^{1/2}}{r_w}$
▭ 1	$\dfrac{0.884\,A^{1/2}}{r_w}$	▭ 2:1	$\dfrac{9.523\,A^{1/2}}{r_w}$
▭ 1	$\dfrac{1.485\,A^{1/2}}{r_w}$	▲	$\dfrac{10.135\,A^{1/2}}{r_w}$

图 3-1　泄油面形状与油井的位置系数

（3）非达西渗流

当油井产量很高时，在井底附近将出现非达西渗流，根据渗流力学中的非达西渗流二项式，油井产量和生产压差之间的关系可用下面的二项式表示：

$$\overline{p}_r - p_{wf} = Cq + Dq^2 \tag{3-4}$$

其中
$$C = \frac{\mu_o B_o \left(\ln X - \frac{3}{4} + S \right)}{2\pi k_o h a} \tag{3-5}$$

$$D = 1.3396 \times 10^{-13} \frac{\beta B_o^2 \rho}{4\pi^2 h^2 r_w}$$

式中　X——由图 3-1 查得；

　　　ρ——原油密度，kg/m^3；

　　　C——系数，$kPa/(m^3/d)$；

　　　D——紊流系数，$kPa/(m^3/d)^2$；

　　　β——紊流速度系数，m^{-1}。

根据实验，胶结地层的紊流速度系数为：

$$\beta = \frac{1.906 \times 10^6}{k^{1.201}} \tag{3-6}$$

式中　k——地层渗透率，μm^2。

非胶结砾石充填层的紊流速度系数为：

$$\beta = \frac{1.08 \times 10^6}{k^{0.55}} \tag{3-7}$$

在系统试井时，如果在单相流动条件下出现非达西渗流，则可直接利用试井所得的产量和压力资料用图解法求得式（3-5）中的 C 和 D 的值。

3.1.1.2　油气两相渗流时流入动态

油气两相渗流发生在溶解气驱油藏中，油藏流体的物理性质和相渗透率将明显地随压力而改变。因此，溶解气驱油藏的油井产量与流压的关系是非线性的。要研究这种井的流入动态，就必须从油气两相渗流的基本规律入手。

（1）油气两相渗流流入动态的一般公式

$$q_o = \frac{2\pi r k_o h}{\mu_o B_o} \frac{dp}{dr} \tag{3-8}$$

令相对渗透率 $k_{ro} = k_o / k$，并积分，可得：

$$\frac{q_o}{2\pi k h} \int_{r_w}^{r_e} \frac{dr}{r} = \int_{p_{wf}}^{p_e} \frac{k_{ro}}{\mu_o B_o} dp \tag{3-9}$$

$$q_o = \frac{2\pi kh}{\ln\dfrac{r_e}{r_w}} \int_{p_{wf}}^{p_e} \frac{k_{ro}}{\mu_o B_o} \mathrm{d}p \qquad (3\text{-}10)$$

式中，μ_o、B_o 及 k_{ro} 都是压力的函数，只要找到它们与压力的关系，就可求得积分，从而找到产量和流压的关系。μ_o 及 B_o 不难由高压物性资料或经验相关式得到，而 k_{ro} 与压力的关系则必须利用生产油气比、相渗透率曲线来寻找。

对油和气分别利用达西定律就可得到油气两相渗流时，任一时间的当前生产油气比：

$$R = \frac{k_g}{k_o} \frac{\mu_o}{\mu_g} \frac{B_o}{B_g} + R_s \qquad (3\text{-}11)$$

式中，R 为溶解油气比；渗透率、黏度及体积系数的下角"o"为油，"g"为气。由已知的压力、温度和流体性质，就可确定式中的 μ_o、μ_g、B_o、B_g 和 R_s。

给定油气比 R 后，就可求得不同压力下的 k_g/k_o 比值。然后，利用相对渗透率与饱和度关系曲线（图 3-2），作出 k_g/k_o 与饱和度关系曲线（图 3-3），就可求得相应压力下的含油饱和度，并可绘出给定生产油气比时的压力与饱和度的关系曲线（图 3-4）。利用图 3-4 和图 3-2 就可求得不同压力下的相对渗透率 k_{ro}。这样就不难绘出 $k_{ro}/\mu_o B_o$ 与压力的关系曲线（图 3-5）。

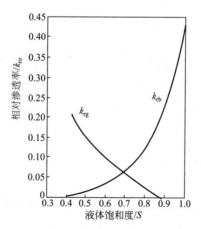

图 3-2 相对渗透率与饱和度关系曲线

利用图 3-5 可求得式（3-10）中的积分。取不同的积分下限就可得到

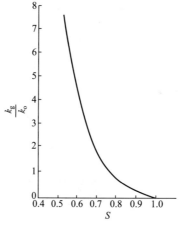

图 3-3　$k_g/k_o\sim S$ 曲线

不同流压下的产量，并绘出 IPR 曲线。

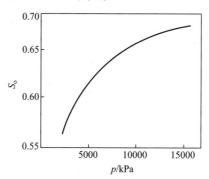

图 3-4　含油饱和度与压力的关系

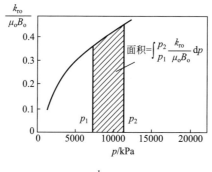

图 3-5　$\dfrac{k_{ro}}{\mu_o B_o}\sim p$ 曲线

　　溶解气驱油藏在油井关井后所能测得的是泄油面积内的平均压力 $\overline{p_r}$，而不是泄油面积边缘压力 p_e。用 $\overline{p_r}$ 代替 p_e 后，式(3-10) 将变为：

$$q_o = \frac{2\pi kh}{\ln \dfrac{r_e}{r_w} - \dfrac{3}{4}} \cdot a \cdot \int_{p_{wf}}^{\bar{p}_r} \frac{k_{ro}}{\mu_o B_o} \mathrm{d}p \qquad (3\text{-}10a)$$

则采油指数：

$$PI = \frac{q_o}{\bar{p}_r - p_{wf}} = \frac{2\pi kha \displaystyle\int_{p_{wf}}^{\bar{p}_r} \frac{k_{ro}}{\mu_o B_o} \mathrm{d}p}{(\bar{p}_r - p_{wf})\left(\ln \dfrac{r_e}{r_w} - \dfrac{3}{4}\right)} \qquad (3\text{-}12)$$

为了分析采油指数与压力的关系，在图 3-6 中表示了同一生产压差不同地层压力时的积分面积。由图 3-6 和公式（3-11）可看出：

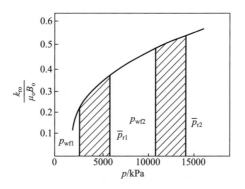

图 3-6　油藏平均压力 $\bar{p}_r$ 对 $\displaystyle\int_{p_{wf}}^{\bar{p}_r} \frac{k_{ro}}{\mu_o B_o} \mathrm{d}p$ 的影响

① 当生产压差成倍增大时，由于积分限内曲线所包面积不能成倍增加，因而，PI 与生产压差是非线性关系。同一油藏压力下，采油指数将随生产压差的增大而减小。

② 在相同生产压差下，油藏压力高时的曲线面积大于油藏压力低的曲线面积。因而，溶解气驱油藏，其采油指数将随油藏压力的降低而减小。

③ 采油指数与生产油气比 R 有关。因为不同的 R 值有不同的 $S_o\% \sim p$ 和 $\dfrac{k_{ro}}{\mu_o B_o} \sim p$ 曲线。

为了预测未来采油指数的变化，必须知道未来的油藏压力及饱和度。显然，利用上述方法来绘制当前的和预测未来的 IPR 曲线是十分烦琐的。因而，在油井动态分析和预测中都采用简便的近似方法来绘制 IPR

曲线。

（2）无因次 IPR 曲线及 Vogel 方程

1968 年 Vogel 发表了适用于溶解气驱油藏的无因次 IPR 曲线及描述该曲线的方程。它们是根据用计算机对若干典型的溶解气驱油藏的流入动态曲线的计算结果提出的（图 3-7）。

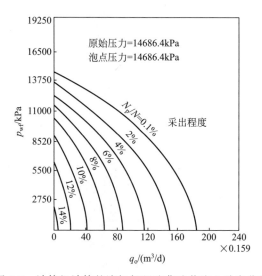

图 3-7　计算机计算的溶解气驱油藏油井流入动态曲线

计算时假设：

a. 圆形封闭单层油藏，油井位于中心；

b. 单层均质油层，含水饱和度恒定；

c. 忽略重力影响；

d. 忽略岩石和水的压缩性；

e. 油、气组成及平衡不变；

f. 油、气两相的压力相同；

g. 拟稳态下流动，各点的脱气原油在给定的某一瞬间流量相同。

计算结果表明，产量与流压的关系随采出程度 N_p/N 而变。如果以流压与油藏平均压力的比值 $p_{wf}/\overline{p_r}$ 为纵坐标，以相应流压下的产量与流压为零时的最大产量之比 $q_o/q_{o,max}$ 为横坐标，则不同采出程度下的 IPR 曲线很接近。

Vogel 对不同流体性质、气油比、相对渗透率、井距及压裂过的井和油层受损害的井等各种情况下的 21 个溶解气驱油藏进行了计算。其结果表明：IPR 曲线都有类似的形状，只是高黏度油藏及油层损害严重时差别较大。Vogel 在排除了这些特殊情况之后，绘制了一条如图 3-8 所示的参考曲线（常称为 Vogel 曲线）。这条曲线可看作是溶解气驱油藏渗流方程通解的近似解曲线。

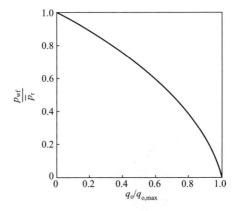

图 3-8　溶解气驱油藏无因次 IPR 曲线（Vogel 曲线）

图 3-8 的曲线可用下面的方程（Vogel 方程）来表示：

$$\frac{q_o}{q_{o,max}} = 1 - 0.2\,\frac{p_{wf}}{p_r} - 0.8\left(\frac{p_{wf}}{p_r}\right)^2 \tag{3-13}$$

参考曲线与各种情况下的计算机计算曲线的比较结果表明：除高黏度及油层损害严重的油井外，参考曲线更适合于溶解气驱早期（即采出程度较低时）的情况。

应用 Vogel 方程可以在不涉及油藏参数及流体性质资料的情况下绘制油井的 IPR 曲线和预测不同流压下的油井产量，使用很方便。但是，必须给出该井的某些测试数据。

3.1.2　井筒两相流流动规律

在原油生产中总伴随着气体，形成气体与液体两相混合流动。气体可能来源于饱和油藏中的自由气体，或从油藏到井口的生产过程中，当某处压力降至泡点压力以下时从原油和少量水中释放出的溶解气。气液两相是指气体以自由方式存在于液体中，若气体溶解于原油之中，则仍认为是单相。

气液两相包括自由气体的气相和由原油与水组成的液相。在油井生产的压力降计算中一般采用气液两相流公式。对固体（比如砂）、液体和气体组成的混合流，称为三相流。对电潜泵生产的含砂油井，由于其砂的相对含量较低，实验证明少量含砂对压降计算几乎没有影响，可直接采用气液两相流公式。

3.1.2.1 气液两相流基本参数

气液两相流由于气体与液体同时存在，并且其相对体积随着温度和压力的变化而变化。因此，与混合物压降密切相关的气液混合物流速、气体与液体流速、混合物黏度和密度等均沿井筒变化。在气液两相流分析中对这些量有着不同于单相流的定义。

（1）持液率与空置率

持液率描述的是气液两相流流动时，在井筒不同部位气体和液体所占的相对体积大小。描述液体所占的相对体积大小时一般用持液率 H_L 表示，其定义为：

$$H_L = \frac{一段管道内液体的体积}{一段管道内的总体积} = \frac{V_L}{V} \tag{3-14}$$

显然液体单相流动，液体充满整个管道，其持液率为 1；对气体单相流动，管道内全为气体，液体量为 0，其持液率为 0。因此，对气液混合流，持液率为介于 0 和 1 之间的小数：

$$0 \leqslant H_L \leqslant 1 \tag{3-15}$$

同样，描述气体所占的相对体积大小时用空置率（或持气量）H_G 表示，其定义为：

$$H_G = \frac{一段管道内气体的体积}{一段管道内的总体积} = \frac{V_G}{V} \tag{3-16}$$

对气液两相流，持液率与空置率之和为 1。知道其中之一，就可求得另一值：

$$H_L + H_G = 1 \tag{3-17}$$

持液率或空置率随井筒中位置的变化而变化，因此这里定义的持液率或空置率应为该段中的平均持液率或空置率。理论上，只要该段取得足够小，就会得到任一处的持液率或空置率。若一段管道的长度为 ΔL，液体流经该段的平均横截面积为 A_G，管道总横截面积为 A。因为 $V_L = A_G \Delta L$，将其代入持液率与空置率公式，可得：

$$A_L = H_L A \tag{3-18}$$

同理，气体的平均流经横截面积 A_G 为：

$$A_G = H_G A \tag{3-19}$$

在气液两相流中，由于气液两相共同占据流动管道，气体与液体各自的流经面积均小于管道横截面积。因此，气液两相流经面积之和才为总横截面面积，即：

$$A = A_L + A_G \tag{3-20}$$

持液率可由实验测出。但井筒中的持液率依赖于管道直径和倾角、气体和液体性质以及流态等因素，计算较为复杂。现有的计算公式多为在实验条件下得到的数据基础上建立的半经验公式。为此，工程中引入了无滑脱持液率和无滑脱空置率。

无滑脱是指在井筒中任一位置处气体和液体的流动速度相同，因此可以实际流量表示。无滑脱持液率 λ_L 为：

$$\lambda_L = \frac{q_L}{q_G + q_L} \tag{3-21}$$

同理，无滑脱空置率 λ_G 为：

$$\lambda_G = \frac{q_G}{q_L + q_G} \tag{3-22}$$

同样，无滑脱持液率 λ_L 和无滑脱空置率 λ_G 之和为 1，即：

$$\lambda_L + \lambda_G = 1 \tag{3-23}$$

无滑脱持液率假设两相流流动中气体与液体的流速相同。值得指出的是，这里只是假设了二者在任一地方没有快慢区别，但无滑脱持液率会随气液两相流在井筒中的位置而发生变化。

（2）气液流动速度

气体或液体的实际流速是指气体或液体的流量与各自流经横截面面积的比值。若在井筒任一位置处的气体流速为 v_L，液体流速为 v_G，则

$$v_L = \frac{q_L}{A_L} = \frac{q_L}{H_L A}$$

$$\tag{3-24}$$

$$v_G = \frac{q_G}{A_G} = \frac{q_G}{H_G A}$$

实际井筒两相流动时，由于气体和液体在任一位置所受的重力和浮力不一样，因而它们的流动速度也会不同。气体较轻，上升速度比较快，二者上升速度之差便形成了滑脱现象。任一位置处气体和液体的实际流动速度之差就是该处的滑脱速度 v_S：

$$v_S = v_G + v_L \tag{3-25}$$

由于气体的可压缩性以及液体的微压缩性，气液两相流沿井筒向上流动中气体所占的横截面积会随位置而发生变化。但气体和液体流动的横截面积不易描述，因而气液两相流计算中多用气液各自的表观速度进行计算。表观速度是指液体或气体流量与流经管道的总横截面积之比，与液体或气体实际所占有的横截面积无关，液体的表观速度称为表观液体流动速度，用 v_{SL} 表示；气体的表观速度称为表观气体流动速度，用 v_{SG} 表示。

$$v_{SL} = \frac{q_L}{A}$$

$$\tag{3-26}$$

$$v_{SG} = \frac{q_G}{A}$$

式中，A 为管道（如油管）内的横截面面积。若液体为油和水的混合物，油和水流量分别为 q_o 和 q_w，表观速度分别为 v_{So} 和 v_{Sw}，则

$$v_{SL} = \frac{q_o + q_w}{A} = v_{So} + v_{Sw} \tag{3-27}$$

比较气体和液体实际速度公式与表观速度公式，即式（3-24）和式（3-26），可知表观速度与实际速度的关系为：

$$v_{SL} = H_L v_L$$

$$v_{SG} = H_G v_G$$

$$\tag{3-28}$$

由于 H_L 和 H_G 均小于或等于 1，因此表观速度小于或等于实际速度。

（3）气液混合物参数

气液混合物流速 v_m 为流动总流量与管道横截面面积之比：

$$v_m = \frac{q_L + q_G}{A} = v_{SL} + v_{SG} \tag{3-29}$$

气液两相流中的气液混合物密度和黏度可用单相的密度和黏度与持液率或空置率进行计算。

气液混合物密度为：

$$\rho_m = \rho_L H_L + \rho_G H_G \tag{3-30}$$

对非滑脱情况：

$$\rho_m = \rho_L \lambda_L + \rho_G \lambda_G \tag{3-31}$$

对油水混合物，一般假设油水相没有滑脱。油水混合物密度用含水量 f_w 计算：

$$\rho_L = \rho_o (1 - f_w) + \rho_w f_w \tag{3-32}$$

$$f_w = \frac{q_w}{q_o + q_w} \tag{3-33}$$

气液混合物黏度 μ_m 为：

$$\mu_m = \mu_L H_L + \mu_G H_G \tag{3-34}$$

对非滑脱情况：

$$\mu_m = \mu_L \lambda_L + \mu_G \lambda_G \tag{3-35}$$

油水混合物黏度 μ_L 为：

$$\mu_L = \mu_o (1 - f_w) + \mu_w f_w \tag{3-36}$$

3.1.2.2 两相流流态

原油在沿井筒向上流动的过程中压力会越来越小，由泡点公式可知溶解气会逐渐释放而成为自由气，也就是气体含量会越来越多。同时，由于气体的易膨胀性，随着压力的降低气体体积会逐渐增大，气体流量也会相应地增加。不同的气体和液体流量在井筒中会形成不同的流动方式，即流态。图 3-9 为原油在井筒流动过程中的流态。

在井筒中，气液两相流主要为泡流、段塞流和环流。如图 3-9 所示，在最底端，假设液体压力高于原油泡点压力，此时为单相液态流动。液体在从底部向上流动的过程中压力会逐渐降低，当低于泡点压力时，溶解气便逐渐释放出来。当释放出的自由气体形成能在液体中上升的气泡时，这时的流动方式称为泡流。随着气液混合物继续向上流动，压力会

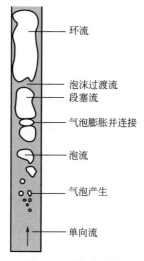

环流

泡沫过渡流
段塞流

气泡膨胀并连接

泡流

气泡产生

单向流

图 3-9 两相流流态

持续降低，气体不断膨胀，小气泡将合并成大气泡，直到能够占据整个油管断面，在井筒内形成一段油一段气的结构，这种流动方式称为段塞流。当段塞流中的气体进一步膨胀，段塞流中的气体段将连成一体，在井筒中形成气柱，液体被挤在管壁上形成很薄的液膜，这就是所谓的环流。

这里仅讨论了气液两相的泡流、段塞流和环流三种流态。事实上在段塞流与环流之间还有所谓的过渡流。过渡流不稳定，可以理解为一会为段塞流和一会为环流，难以定量描述和计算。环流因中间大气柱中含有许多雾状的小液滴，故又称之为雾流或环雾流。也有学者认为环流之后还有雾流。

国际上对气液两相流做了大量的实验观察和分析，总结出很多的经验或半经验公式。从近三十年在石油开采的现场应用来看，把直井气液两相流分为泡流、段塞流和环流三种流态，并建立了与之对应的计算公式，得到了广泛的认可和应用。由于计算结果与实际生产接近并且满足工程要求，因此至今仍为最广泛的流态处理方式。

国际上有很多流态判断方法，目前石油工业中广泛应用的是 Taitel (1980) 流态图（flow-pattern map）以及对 Taitel 流态图的修订图。

如图 3-10 所示，Taitel 流态图是用表观气体速度作横坐标，表观液体速度作纵坐标，图中分为泡流区、段塞流区和环流区域。应用时先算

出井筒某处的 v_{SG} 和 v_{SL}，在该流态图中找到对应的坐标点（v_{SG}，v_{SL}），该坐标点落在哪个区域，该处的流动即为对应的流态。

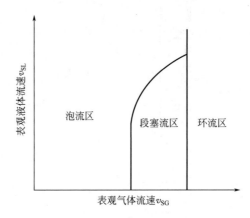

图 3-10   Taitel 流态图

3.1.2.3   井筒两相流计算方法

原油开采时井筒中常为气液两相流。许多学者都对井筒气液两相流进行了研究，并给出相应的计算公式。井筒气液两相流比单相流要复杂得多，主要体现在持液率、混合流的流态和摩擦系数计算上。各气液两相流压降计算公式对持液率、流态和摩擦系数的处理和计算都不同。

（1）基本计算原理

井筒气液两相流的基本计算原理为：

$$\left(\frac{\mathrm{d}p}{\mathrm{d}L}\right)_{t} = \left(\frac{\mathrm{d}p}{\mathrm{d}L}\right)_{e} + \left(\frac{\mathrm{d}p}{\mathrm{d}L}\right)_{f} + \left(\frac{\mathrm{d}p}{\mathrm{d}L}\right)_{a} \tag{3-37}$$

① 重力变化项   气液两相流中高度变化引起的压降计算：

$$\left(\frac{\mathrm{d}p}{\mathrm{d}L}\right)_{e} = \rho_{m} g \cos\theta \tag{3-38}$$

式中，ρ_{m} 为混合物密度，用式（3-30）计算。混合物密度随井筒位置而变化，故要计算混合物密度，需先计算井筒该处的持液率。为简化计算，可用非滑脱公式（3-31），这就极大简化了持液率计算部分，但计算精度会降低。

② 摩擦损失项   气液两相流中的摩擦损失计算：

$$\left(\frac{\mathrm{d}p}{\mathrm{d}L}\right)_{f} = \frac{\rho_{m} v_{m}^{2} f_{m}}{2d} \tag{3-39}$$

式中，f_m 为气液混合流摩擦因子。学者们提出了一系列气液混合流摩擦因子的计算方法。气液混合流摩擦因子的计算都与混合流的雷诺数有关。

③ 加速度项　气液两相流中的加速度项可表示为：

$$\left(\frac{\mathrm{d}p}{\mathrm{d}L}\right)_a = \frac{\rho_m v_m^2 \mathrm{d}v_m}{\mathrm{d}L} \tag{3-40}$$

许多两相流公式中都忽略了加速度项，引入加速度项的计算公式一般都以简化形式计算其与其余两项的相对值。

不同的流态区域，气液混合流的持液率和摩擦系数的计算方式不同。

(2) 井筒压降计算方法

大量原油开采经验证明，气液两相流沿井筒的压降不能近似于直线。这是因为沿井筒向上流动的过程中，气体膨胀与新的自由气体释放会导致混合流密度非线性变化。另外，不同的流态区域有着不同的摩擦因子。因此式中的小段长度 $\mathrm{d}L$ 不能近似取为整个井筒长度，而需把井筒分为许多小段，各小段内用压力、温度、持液率、密度及黏度等混合物的平均值计算。

显然小段分得越多，计算越精确，但所需的计算时间也越长。以现在的计算机计算速度，并考虑实际工程需要，沿井筒小段长度可取为 1m 左右。

① 定分析段长度求压力　井筒压降计算方法之一就是设定小段长度，然后一段连一段进行计算，将上一段的输出作为下一段的输入。计算一般从已知压力处开始（比如已知井口压力则从井口处开始向下计算），然后计算该小段另一端的压力。

要计算气液两相流在该小段的压力降，需计算该小段内各参数（如持液率、密度及黏度等）的平均值。由于这些参数随压力而变化，且该小段的另一端压力为未知，故无法求得该小段的平均压力。因此采用循环计算方法，先假设小段另一端压力，然后计算该小段内的平均压力。在计算出该平均压力下的各参数值后，计算该小段压降及另一端压力。比较计算的另一端压力与开始假设的另一端压力，若二者相等（相差小于设定精度），则可用计算的另一端压力作为下一段的起点压力，然后重复上述计算；若计算的另一端压力与开始假设的另一端压力不同（相差大于或等于设定精度），则以计算的另一端压力作为新的假设压力。如此循环计算，直到计算值与假设值之差小于设定精度为止。

上述计算中还涉及各小段温度的计算，井筒内的温度随井筒位置的不同而不同。

② 定压力求小段长度   定压力求小段长度方法为设定微小压力变化（从进口向下为增加量），从已知压力处开始（由于设定了压力变化，小段的另一端压力可算出），计算满足该压力变化的小段长度。该方法计算出的各小段长度一般互不相同。

井筒内的温度为位置的函数，不同小段长度对应不同的另一端温度。因此需先假设小段长度以计算小段另一端温度，并用平均压力和温度计算出新的小段长度。类似于定分析段长度求压力，该方法同样需要循环计算。

一般原油开采中压力梯度较大，定压力求小段长度方法精度较高。但是对于单相气体或气液比较大的井，由于压力梯度较小，该方法有可能求得较长的小段长度，从而影响计算精度。

由于气液两相流计算较为复杂，学者们绘制了大量的压力梯度图版（Brown，1984）用以确定井筒内压力，如图 3-11 所示。图中横坐标为压力，纵坐标为深度，图中曲线为对应各气液比下的压力梯度线。此外图中还标明了适合的油管大小、产液量、含水率、气液水的相对密度以及平均流动温度。

使用井筒压力图版求压力的方法是：根据实际油井的油管大小、产液量、含水率、气液水的相对密度以及平均流动温度，找到对应的压力图版。如图 3-11 中的单箭头线所示，根据井口压力在横坐标上找到对应的点，再根据该井气液比在图中找到对应压力的梯度曲线；从井口压力值垂直向下引线直到与该压力梯度曲线相交，该交点对应的深度则为井口压力 p_{wh} 的等效深度；从等效深度处向下加上该油井的实际深度 D，在该压力梯度曲线上找到对应此深度的压力，该压力即为井底流压 p_{wf}。

（3）常用井筒两相流计算方法

许多学者对井筒气液两相流进行研究，并给出了计算公式。Beggs 和 Brill（1973）归纳了各种井筒气液两相流的计算公式，并按滑脱和流态把

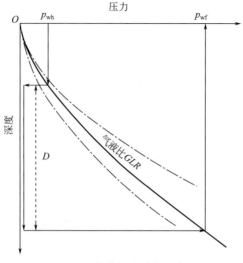

图 3-11　井筒压力图版示意图

这些公式分为三类：没考虑滑脱和流态、考虑了滑脱但没考虑流态以及考虑了滑脱和流态。下面分别给出这三类中至今仍广泛应用的井筒气液两相流计算方法。

① 无滑脱无流态类　目前主要应用的计算方法（公式）有：Poettmann-Carpenter 方法（1952），Fancher-Brown 方法（1963）和 Baxendell-Thomas 方法（196）。

这类公式既不考虑气相和液相间的滑脱，也不考虑流态的变化，用其各自建立的公式计算摩擦因子，并用气体和液体在地面的密度计算其井下的混合物密度。这些计算方法为基于井实际生产数据的经验公式。

实例计算：某油藏温度为 99℃，压力为 22000kPa，泡点压力为 13368kPa，井口温度为 22℃，压力 1100kPa，溶解气油比 R_s 为 145m³/m³，原油相对密度 γ_o 为 0.846，气体相对密度为 γ_g 为 0.65，水的相对密度 γ_g 为 1.05，假设含水率 f_w 为 0。射孔顶部深度为 2900m，油管下入深度 2680m，油管外径（OD）为 73.03mm，内径（ID）为 62.00mm，测试流量为 113m³/d。设井底温度为油藏温度，井底到井口流体温度为线性变化，应用上述各公式计算的井筒两相流压力梯度曲线如图 3-12 所示。

如图 3-12 所示，Poettmann-Carpenter 公式和 Baxendell-Thomas 公式的计算结果基本一致，Fancher-Brown 公式计算的压力梯度略低。

② 有滑脱无流态类　目前主要应用的计算方法有 Hagedorn-Brown

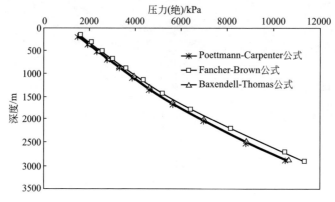

图 3-12　无滑脱无流态井筒两相流公式计算的压力梯度曲线

方法（1965）。

　　这类公式主要基于实验数据，为半经验公式，其不区分流体流态，但却计算了气液表观速度、滑脱和持液率。该公式计算出两相混合流的雷诺数后，用 Moody 摩擦因子公式（图版）计算两相流的摩擦因子。

　　实例计算：同样使用上述无滑脱无流态类中油井实例，应用有滑脱无流态类 Hagedorn-Brown 公式计算的井筒两相流压力梯度曲线如图 3-13 所示。

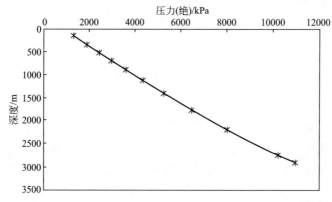

图 3-13　有滑脱无流态类公式（Hagedorn-Brown）计算的井筒两相流压力梯度曲线

　　③ 有滑脱有流态类　这类的计算方法最多，Beggs-Brill 方法（1973）之后研发的大部分模型均属此类型。目前主要应用的模型有：Duns-Ros 方法（1963）、Orkiszewski 方法（1967）、Aziz 方法（1972）、Beggs-Brill 方法（1973）和 Mukherjee-Brill 方法（1983）。该类公式主要基于实验数据，为半经验公式。

　　所有这些模型均采用了流态图，并计算出了混合流所处的流态。根据不同的流态，计算各流态内的滑脱、持液率和混合流性质，最后得到两相流的压降。上述井筒两相流计算方法（模型）非常复杂，详细方法和步骤可参考上述学者的论文。

实例计算：同样使用上述无滑脱无流态类中油井实例，应用各有滑脱有流态类公式所计算的井筒两相流压力梯度曲线如图 3-14 所示。

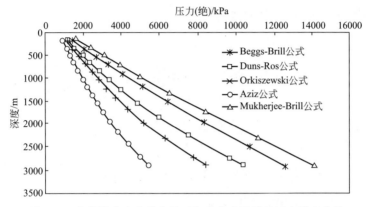

图 3-14　有滑脱有流态类井筒两相流公式计算的压力梯度曲线

如图 3-14 所示，对同一口井采用不同两相流压力梯度公式的计算结果有较大区别。对该井数据，各公式计算的压力梯度从低到高依次为 Aziz 公式＜ Orkiszewski 公式＜ Duns-Ros 公式＜ Beggs-Brill 公式＜ Mukherjee-Brill 公式。这些公式均基于各学者所采用的测试数据的半经验半理论公式，具体应用时应根据所在油田数据进行校正或选择较接近的公式计算。

进一步对比图 3-13 的 Hagedorn-Brown 公式的计算结果，对该同一油井，Hagedorn-Brown 公式结果介于 Duns-Ros 公式和 Beggs-Brill 公式结果之间。上述各公式计算的压力梯度由低到高可排列为 Aziz 公式＜ Orkiszewski 公式＜ Duns-Ros 公式＜ Hagedorn-Brown 公式＜ Beggs-Brill 公式＜ Mukherjee-Brill 公式。由于一般教科书中以 Hagedorn-Brown 方法为例讨论井筒两相流压力梯度计算，人们常误认为 Hagedorn-Brown 方法最准确。对一些油田，上述几种方法的计算结果相差较小，可选用较常用的 Hagedorn-Brown 方法；但各公式在一些油田的计算结果有较大区别时（如上述计算实例），应根据油田具体测试结果选用。

3.2　电潜泵采油优化设计方法

3.2.1　电潜泵采油优化设计原则

海上油田作业费用高，为保证电潜泵机组高效合理运行，提高检泵周期，电潜泵优化设计需遵循以下原则：

① 合理选择泵型，使泵在最高效率点附近工作，并考虑油井三年内的供液能力的变化。

② 泵的额定排量和油藏配产要求相匹配，额定扬程等于油井的总动压头，并满足计量和外输的需要。

③ 电机的输出功率能够满足举升液体需求，针对复杂井况，尽可能涵盖较宽的地层变化范围，具有一定的提频空间。

④ 根据井况条件及电机参数选择规格配套的动力电缆。

⑤ 合理选择管柱尺寸，减少摩阻损失和油管冲蚀，节约成本、安全生产。

⑥ 电泵机组与电缆的最大投影尺寸与套管内径匹配。

⑦ 结合平台要求，综合考虑用电量需求及电泵机组与控制柜、变压器的匹配要求。

3.2.2　影响电潜泵优化设计的主要因素

目前，针对南海西部油田而言，影响电潜泵优化设计的主要因素有以下几个方面：

（1）油井产能与油层静压

油井的产液指数与油层静压是进行电泵优化设计的关键性参数。油井的产液指数直接反映了油井的供液能力，影响电泵优化设计以及泵型的选定，同时，在配产一定的情况下，对于大多数油井而言，产液指数与油藏静压决定了所选泵的扬程。因此，产液指数与油藏静压数据的准确性直接决定了电泵优化设计的结果。

（2）油管与套管的规格

套管的规格决定着所要选择的泵和电机的最大规格尺寸，通常应选取套管能允许的最大投影尺寸的电泵机组。同时还要考虑套管内径与电机外径之间的环形空间所能提供的液体流速，以保证电机能良好地散热。对于同容量的电机，其直径越大，成本越低，而且直径较大的电机，其可靠性较高，寿命也较长。油管的规格与泵的直径有关，一般情况下，泵的直径越大，油管的直径也越大。

（3）气体影响

在电潜泵运转中，对于含气比较高的油井，井液中的游离气体将显著影响电潜泵的工作性能，随着气液比增加其举升效率降低。如果气体大量进泵，将会产生气锁或气穴，造成电泵机组欠载停机或损坏，严重影响油井的正常生产。为了不使泵吸入口附近有较多的游离气体，就必须采取必要的防气措施。保持泵有足够沉没深度和采用分离器有效地处理气体都是常用的方法。

（4）原油黏度影响

一般情况下，在原油黏度较小的情况下，对电潜泵举升没有多大的影响。在原油黏度比较高时，将影响电潜泵的特性，将会使排量、扬程和效率降低，增加电机负荷，并使其最高效点出现在较低的排量处。对此，在对高黏度油井进行电潜泵优化设计时，需要考虑黏度对电潜泵举升的影响。

3.2.3　电潜泵采油优化设计

3.2.3.1　资料准备

（1）油井油藏数据

① 生产层位及产层垂深；

② 地面原油、天然气及地层水密度；

③ 油层 PVT 实验数据，实验温度、饱和压力、溶解气油比、原油体积系数、原油黏度、天然气体积系数、天然气黏度等；

④ 油层静压、温度及油层采液指数；

⑤ 油井状况，含砂量、结蜡及腐蚀情况等；

⑥ 地质设计要求。

（2）工程资料

① 油井目前井下生产管柱图；

② 井斜数据及井深结构图；

③ 油套管数据及套管损坏情况与部位；

④ 地面设备（变压器、变频柜）参数；

⑤ 原井下电泵机组参数。

（3）生产资料

① 机组运行频率；

② 产液量、含水率、生产气油比；

③ 井口油压、泵吸入口流压；

④ 油井静压梯度测试数据；

⑤ 油井生产测试数据。

3.2.3.2　泵挂位置优选

① 泵挂的最大深度取防砂封隔器以上 20～50m 或射孔段以上 50～100m 处，若要下到射孔段以下，须安装导流罩。

② 不同机组尺寸和不同套管尺寸组合下，所允许机组能通过井眼的最大狗腿度需满足机组弯曲度不宜超过 3°/30m（参考《采油工程手册》2.04 电潜泵采油表 4-3-1）。

③ 考虑到后期的修井作业，泵挂处井斜宜不大于 65°。

④ 机组正常运行时，沉没度宜不低于 200m。

⑤ 对于含气量较高的油井，泵挂深度要充分考虑气体的影响，在最大的泵挂深度范围内，建议泵吸入口处的自由气体百分含量小于 10%。

⑥ 考虑到检泵周期内油藏静压、油井产能等可能存在的一定的变化，

泵挂深度宜适当下深。

综合考虑以上多方面因素，优选合理的泵挂位置。

3.2.3.3 选择泵吸入口装置

（1）计算泵吸入口处的溶解气油比

① 饱和压力下的溶解气油比 油藏项目组提供的油藏数据中已给出该井生产层位的饱和溶解气油比。若油藏项目组未提供，采用式（3-41）计算。

$$R_{sb} = 0.1342\gamma_g \left[10 \times p_b \times \frac{10^{0.0125(141.5/\gamma_o - 131.5)}}{10^{0.00091(1.8t + 32)}} \right]^{1/0.83} \quad (3\text{-}41)$$

式中 R_{sb}——在饱和压力下的溶解气油比，m^3/m^3；

γ_g——天然气的相对密度；

γ_o——原油的相对密度；

p_b——饱和压力，MPa；

t——井底温度，$℃$。

② 泵吸入口处的溶解气油比 在泵举升生产过程中，当泵吸入口处流压大于或等于饱和压力时，泵吸入口处溶解气油比等于饱和溶解气油比；当泵吸入口处流压低于饱和压力时，则需对泵吸入口处的溶解气油比进行校正，以补偿流压低于饱和压力的情况。

校正泵吸入口处溶解气油比可采用式（3-42）进行计算：

$$R_{sp} = R_{sb} \times f_c \quad (3\text{-}42)$$

式中 R_{sp}——校正溶解气油比，m^3/m^3；

f_c——校正系数。

计算出泵吸入口压力与饱和压力的比值，可采用以下公式计算泵吸入口处溶解气油比校正系数 f_c：

$$f_c = 3.4 \times \frac{p}{p_b} \qquad \left(\frac{p}{p_b} < 0.1 \right) \quad (3\text{-}43)$$

$$f_c = 1.1 \times \frac{p}{p_b} + 0.23 \qquad \left(0.1 \leqslant \frac{p}{p_b} < 0.3 \right) \quad (3\text{-}44)$$

$$f_c = 0.629 \times \frac{p}{p_b} + 0.37 \qquad \left(\frac{p}{p_b} \geqslant 0.3 \right) \quad (3\text{-}45)$$

式中 p_b——饱和压力，MPa；

  p——泵吸入口压力，MPa。

  或查图 3-15 溶解气油比校正曲线，得泵吸入口处溶解气油比校正系数 f_c。

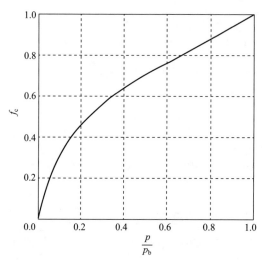

图 3-15 溶解气油比校正曲线

（2）流体容积系数

① 天然气体积系数

$$B_g = 0.000378 \times \frac{Z(t+273)}{p} \tag{3-46}$$

式中 B_g——天然气体积系数，$\mathrm{m^3/m^3}$；

  Z——天然气压缩因子，一般在 0.81～0.91 之间。

② 原油体积系数

$$B_o = 0.972 + 0.000147 \left[5.61 R_{sp} \left(\frac{\gamma_g}{\gamma_o} \right)^{0.5} + 1.25(1.8t+32) \right]^{1.175} \tag{3-47}$$

式中 B_o——原油体积系数，$\mathrm{m^3/m^3}$。

③ 原油体积系数 地层水的体积系数可取 1。

（3）计算泵吸入口气液比

$$GLR = \frac{V_g}{V_o + V_g + V_w} \times 100\%$$

$$= \frac{(1-f_{\mathrm{w}}) \times (GOR - R_{\mathrm{sp}}) \times B_{\mathrm{g}}}{f_{\mathrm{w}} + (1-f_{\mathrm{w}}) \times B_{\mathrm{o}} + (1-f_{\mathrm{w}}) \times (GOR - R_{\mathrm{sp}}) \times B_{\mathrm{g}}} \times 100\% \qquad (3\text{-}48)$$

式中　GLR——泵吸入口气液比，%；

$\quad\quad V_{\mathrm{g}}$——泵吸入口气体体积，$\mathrm{m^3/d}$；

$\quad\quad V_{\mathrm{o}}$——泵吸入口原油体积，$\mathrm{m^3/d}$；

$\quad\quad V_{\mathrm{w}}$——泵吸入口水的体积，$\mathrm{m^3/d}$；

$\quad\quad f_{\mathrm{w}}$——含水率，%；

$\quad\quad GOR$——生产气油比，$\mathrm{m^3/m^3}$。

（4）选择泵吸入口装置

根据泵吸入口处自由气体百分含量，选择不同的泵吸入口气体处理装置。

① 泵吸入口处自由气体百分含量小于 10% 时，一般不需对泵吸入口处的气体进行处理，选用普通电泵吸入口即可。

② 泵吸入口处自由气体百分含量在 10%～30% 时，一般通过使用气体分离器实现油气分离，把分离出的气体从油套环空排出。

③ 泵吸入口处自由气体百分含量在 30%～70% 时，在使用气体分离器不能解决气体对泵的影响时，建议使用气体处理器或多相流泵等装置，通过增压后把气体汇入液体实现一同开采。

对于气液比较高的油井，建议泵出口与单流阀有 2～3 根油管的距离，若电泵机组采用旋转式气体分离器，则生产管柱需安装放气阀。

3.2.3.4　油管尺寸优选

对于换大泵提液井或产液量较高的电潜泵采油井，需要进行生产管柱尺寸优选，以避免油管发生冲蚀、减小油管的摩阻损失。

（1）油管冲蚀分析

在保证油藏配产的情况下，油管不发生冲蚀，即流体在油管中流动时，冲蚀速率小于 1。冲蚀速率＝实际流速/临界冲蚀流速。

临界冲蚀流速：

$$V_{\mathrm{e}} = K / \rho^{0.5} \qquad (3\text{-}49)$$

式中　V_{e}——临界冲蚀流速，$\mathrm{ft/s}$；

$\quad\quad \rho$——流体混合平均密度，$\mathrm{lb/ft^3}$；

$\quad\quad K$——经验系数，碳钢推荐 100，防腐钢材推荐 200。

不同井况（含水率、气油比等）下，同一尺寸的油管其最大无冲蚀日产液量存在一定的差别。对于特定的一口井，可利用专业的电泵设计软件进行计算。根据经验，对于含水率高、气油比较低的油井，不同尺寸下非防腐油管，推荐最大无冲蚀日产液量如表 3-1 所示。

表 3-1　不同油管尺寸最大无冲蚀日产液量推荐

油管尺寸/in	2.875	3.5	4.5	5.5
产液量/(m³/d)	950	1400	2500	3600

（2）油管摩阻分析

根据公式计算不同产液量不同尺寸下油管的摩阻：

$$F_p = 2.083 \left(\frac{100}{C}\right)^{1.85} \left(\frac{Q}{34.3}\right)^{1.85} / ID^{4.86} \tag{3-50}$$

式中　F_p——油管摩阻损失，m/1000m；

　　　Q——油井产液量，bbl；

　　　ID——油管内径，in；

　　　C——系数，新油管取值 120，旧油管取值 94。

也可从图 3-16 油管压头损失曲线中查出油管摩阻损失，根据经验，选择摩阻损失小于 10% 的油管尺寸。

在经过以上油管的冲蚀与摩阻分析后，还需综合考虑一下油套环空之间的间隙、管柱强度等因素来确定油管尺寸。

3.2.3.5　多级离心泵参数计算

（1）计算举升所需总扬程

油井的总动压头由三部分组成：①从动液面到井口的举升高度；②油管的摩阻损失；③井口管线的回压要求。可由公式（3-51）计算：

$$\begin{aligned} H &= H_a + p_o + F_t \\ &= H_p + p_o + F_t - p \\ &= H_i - \frac{100\left[(p_i - Q/J_i) - p_o\right]}{\rho_o g} + F_t \end{aligned} \tag{3-51}$$

式中　H——油井总动压头，m；

　　　H_p——泵挂垂深，m；

　　　p_o——油压折算压头，m；

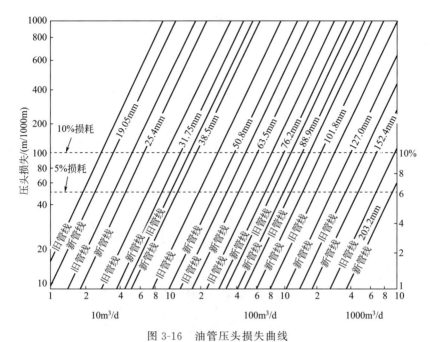

图 3-16　油管压头损失曲线

F_t——油管摩阻损失压头，m；

p——泵吸入口压力，m；

H_a——垂直举升高度，m；

H_i——储层垂深，m；

ρ_o——流体混合平均密度，g/cm³；

p_i——储层中深的地层压力，MPa；

Q——电潜泵井日产液量，m³/d；

J_i——油井产液指数，m³/(d·MPa)，油藏项目组提供。

（2）电潜泵泵型的确定

电潜泵泵型的选择原则：

① 油藏配产液量（需要校正的为校正后产液量）在电潜泵的合理排量范围之内且最接近最高泵效点的泵型。

② 当多种泵型在油藏配产液量点泵效近似，可选择级数较多的泵型，以使油井实际举升液量最接近油藏配产液量。

③ 大直径的电泵机组价格一般相对较便宜，泵效较高，在满足地质设计要求且套管尺寸、井斜等许可条件下，可考虑较大直径的泵型。

④ 综合考虑泵效及检泵周期内油藏因素变化情况，适当选择合理排量范围较为宽泛的泵型。

（3）电潜泵级数的确定

根据所设计的泵排量，在所选泵型的单级离心泵特性曲线的横坐标上找到电潜泵的排量，如图 3-17 所示，从这一点向上引一条垂直于横坐标的直线与电潜泵的扬程-排量曲线相交于一点，该点的纵坐标值即为在此排量下的泵的单级扬程值。

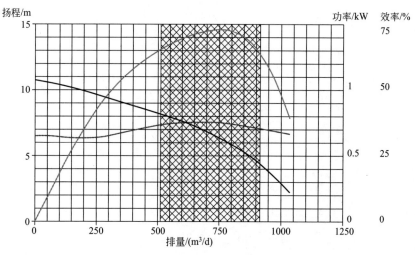

图 3-17　单级离心泵特性曲线

已知举升所需的总扬程及设计排量下泵的单级扬程，即可采用式（3-52）计算出所需电潜泵的总级数。

$$n = \frac{H}{H_s} \tag{3-52}$$

式中　n——电潜泵总级数；

H_s——相应排量下离心泵单级扬程，m。

根据计算出的实际级数，在电潜泵系列表上查出与计算出的实际级数相等或稍大的级数，即为所选电潜泵的级数。

3.2.3.6　电机参数的计算

（1）电机功率确定

当电潜泵的型号、扬程及所需的级数被确定以后，可用式（3-53）计算出机组电机的输出功率：

$$N = \frac{QH\rho_{\circ}}{8800\eta} + N_{b} \qquad (3\text{-}53)$$

式中　N——电机的功率，kW；

　　　Q——泵的额定排量，m^3/d；

　　　H——泵的额定扬程，m；

　　　$\rho_{\circ}$——流体混合平均密度，g/cm^3；

　　　η——泵的效率，%；

　　　N_{b}——保护器功率，一般取值 $1\sim2kW$。

机组电机功率也可根据单级离心泵的特性曲线中的功率-排量曲线，采用式(3-54) 计算得到：

$$N = N_{1}n\rho_{\circ} + N_{b} \qquad (3\text{-}54)$$

式中　N_{1}——单级离心泵相应排量下的功率，kW，单级功率从泵的单级
　　　　　　泵特性曲线上查得。

当需要考虑水的乳化或原油黏度影响时，需要用功率系数进行修正。

建议考虑一定的电机负载率（一般固频机组负载率 85%，变频机组电机负载率 65%）来选择电机额定功率。

（2）电机型号选择

① 电机系列的确定需综合考虑所需电机功率、套管尺寸、井斜数据等因素。

② 平台油井现有地面设备容量要满足计算机组所需地面容量，且地面设备的最大与最小输出电压、电流，要与机组额定电压、额定电流相匹配。

③ 根据计算所需电机功率，并考虑电机的启动能力及电缆功率的损耗，建议适当选择高电压、低电流的电机。

④ 综合考虑整套机组的最大外径、长度与机组最大允许弯曲度，以确保生产管柱能下入到生产套管中。对于 9-5/8″生产套管，双 Y 双电泵机组宜使用 456（116）系列或 450（114）系列电机。

3.2.3.7　保护器选型

根据所选电机系列、功率及井斜等因素选择与电机相配套的保护器

型号。不同电机功率推荐保护器型号如表 3-2 所示。

表 3-2 不同电机功率下保护器型号推荐

匹配电机功率	机组型号
≤75hp	MBL
75~100hp	MBL+MLL
100~150hp	BPBSL+MLL
>150hp	BPBSL+MLLL

对于海上斜井，宜使用双胶囊式保护器。

3.2.3.8 动力电缆选型

动力电缆的选型需要综合考虑井底温度、流体性质、油套环空间隙、电机功率、电压和电流等因素。电缆的压降损失和功率损失与电缆的截面积和长度有关。在选择电缆时，适当选用截面积较大的电缆。

（1）动力电缆规格

① 通过电缆压降计算选择电缆规格 根据油井温度及电机额定电流，查电缆压降曲线图版（如图 3-18 所示），选择电缆压降小于 30V/305m 的电缆规格。

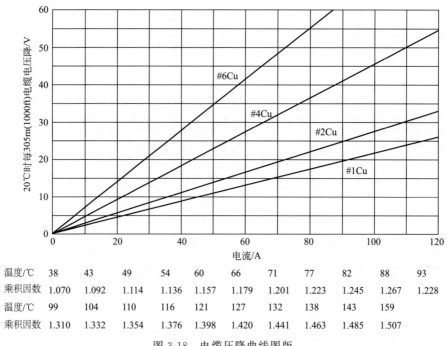

温度/℃	38	43	49	54	60	66	71	77	82	88	93
乘积因数	1.070	1.092	1.114	1.136	1.157	1.179	1.201	1.223	1.245	1.267	1.228
温度/℃	99	104	110	116	121	127	132	138	143	159	
乘积因数	1.310	1.332	1.354	1.376	1.398	1.420	1.441	1.463	1.485	1.507	

图 3-18 电缆压降曲线图版

② 通过导体截面积计算选择电缆规格　按照式(3-55)计算电阻率：

$$\theta=0.017241\times1.02\times(234.5+T)/254.5 \tag{3-55}$$

按照式(3-56)计算所需导体截面积：

$$A=1.732\theta LI/\Delta V \tag{3-56}$$

式中　T——温度，℃；

$\quad\quad\theta$——电阻率，$\Omega\cdot m$；

$\quad\quad A$——导体横截面积，m^2；

$\quad\quad L$——电缆长度，m；

$\quad\quad I$——电机额定电流，A；

$\quad\Delta V$——允许的电缆压降，V（推荐采取额定电压的5％）。

参考表3-3电缆导体尺寸公制标准，选择导体截面积不小于计算所需导体截面积的电缆规格。

表 3-3　电缆导体尺寸公制标准

导体尺寸	导体截面积 /mm²	公称质量 /(kg/km)	导体公称半径/mm			导体电阻(25℃)/Ω	
			单股型	7芯绞线	7芯压实线	纯铜线	镀锡铜线
10mm²	10.0	88.5	3.57	—	—	1.87	1.88
6AWG	13.3	118.0	4.11	—	—	1.32	1.36
16mm²	16.0	140.0	4.48	—	—	1.17	1.18
4AWG	21.1	188.0	5.19	—	—	0.83	0.856
4AWG	21.1	188.0	—	5.89	5.41	0.846	0.882
25mm²	25.0	222.0	5.64	—	—	0.742	0.749
2AWG	33.6	306.0	6.54	—	—	0.522	0.538
2AWG	33.6	306.0	—	7.42	6.81	0.531	0.554
1AWG	42.4	386.0	7.35	—	—	0.413	0.426
1AWG	42.4	386.0	—	8.33	7.57	0.423	0.44
1/0AWG	53.5	475.0	—	9.35	8.56	0.335	0.348
2/0AWG	67.4	599.0	—	10.80	—	0.266	0.276

综合井底温度、油套环空间隙、机组额定电流与额定电压等因素确定所需动力电缆规格。

（2）动力电缆类型

动力电缆类型的确定主要是根据油套环形空间的间隙、井底温度、流体性质等，选择圆电缆、扁电缆、高温电缆、防腐电缆、防气电缆等。

相同材质下，圆电缆的电场分布比扁电缆均匀，且载流量较扁电缆大，运行可靠性较大，对于油套环形空间间隙较大的油井应尽量考虑使用圆电缆。

根据流体的特性确定电缆结构，例如 H_2S 存在，可以使用铅包电缆，在高腐蚀流体的井里，采用特殊合金；高油气比井中的电缆可以采用铅护套及特殊密封装置（外壳）。

（3）动力电缆长度

为了使地面接头距井口的距离处于安全距离内，动力电缆长度应根据实际情况留出适当的余量。

（4）引接电缆选择

根据电机的电流、井底温度及井底流体性质，选择引接电缆的型号。引接电缆的长度至少应超出泵出口至电机距离 1.5m（5ft）。对于修井管柱封隔器与泵出口距离较近（30m 以内）的油井，可采用圆扁一体式引接电缆。对于双 Y 双电泵机组，要充分考虑所采用小扁电缆的长度。

3.2.3.9　地面设备选型

（1）地面设备的要求

① 选择控制柜及变压器时，应根据油井的历年开发生产指标确定其容量，以满足油井后期生产的需要，且变压器要具有多抽头，以满足不同功率的电机的需要。

② 地面设备在正常运转时要适合海上的特殊环境条件。

③ 控制柜与变压器在性能参数等方面相匹配。

④ 考虑到油藏数据存在变化的可能性，推荐采用可变频调节的地面设备，以满足机组正常运行与油井的正常生产。

（2）地面设备选型

① 变压器的选型　变压器的容量必须能够满足电机的最大启动负载，所以应根据电机的负载来确定。

变压器的容量计算公式为：

$$KVA = \frac{\sqrt{3}\, I\ (U + \Delta U)}{1000}$$

（3-57）

式中　KVA——变压器容量；

　　　　U——电机额定电压，V；

　　　　ΔU——电缆压降损失，V；

　　　　I——电机额定电流，A。

　　变压器的容量应考虑经济性，选择 1.2 倍以上的容量较好。

　　对固频柜，当电机启动时启动电流近似于 4～8 倍的额定电流，电缆压降突然增大 4～8 倍，故对于固频地面设备，建议进一步核算电机的启动性能，即要求电机启动时端电压占电机额定电压的百分比大于 50%，若不能满足电机的启动性能，则需要适当选择高电压、低电流的电机。对于变频启动的电机，由于低频启动时电机的启动电流约为 1～2 倍的额定电流，则无需考虑电机的启动性能。

　　② 控制柜的选型　控制柜应根据现场的使用条件、机组性能要求进行选择，主要是根据电机的功率、额定电流和地面所需要的电压来选择控制柜的容量，以保证电机在满载情况下长期使用。

　　③ 变频器的选型　根据与其配套使用的电机的功率、电压和电流来选择变频器的容量。

3.3　大排量提液电潜泵设计技术

3.3.1　提液井的产能分析

　　提液井需具有足够的产能和较大的提液增油潜力，更换大排量电泵后具有较好的增油效果。可采用广义（或综合）IPR 曲线法进行油井产能分析与预测。

　　① 广义（或综合）IPR 曲线法进行油井产能分析与预测是在 Vogel 方程基础上演变而来的油气水三相产能预测方法：

$$\frac{q}{q_{\max}}=J-0.2\left(\frac{p_{\mathrm{wf}}}{p_{\mathrm{R}}}\right)-0.8\left(\frac{p_{\mathrm{wf}}}{p_{\mathrm{R}}}\right)^{2} \tag{3-58}$$

式中　q_{max}——纯液（油）相渗流时的最大产量，m^3/d；

　　　J——采液（油）指数，$m^3/(d·MPa)$；

　　　p_R——地层压力，MPa；

　　　p_{wf}——井底流压，MPa；

　　　q——油井产量，m^3/d。

② 多层油藏开采的流入特性。海上油田采油成本较高，为了在较短时间内提高采出程度，对于压力系统相同、各层产能差异不大的井，常采用多层合采。多层合采井的 IPR 曲线是分层 IPR 曲线的叠加。

③ 当油井饱和压力不明确时，必须综合考虑产液含水、气、油比的大小。用无因次 IPR 曲线和 PI 曲线分别求得油井产能后，再与该井开采历史数据对比，进行必要的加权修正。

④ 要根据生产实际情况和一定周期内的已知油井采油指数曲线的变化趋势，拟合油井当前和今后一段时期的产能，从而确定合理的提液量。

3.3.2　大排量提液电泵优化设计方法

（1）单井建模

根据提液井的油藏中深、地层静压、采液指数、含水率、气油比等相关油藏数据并结合井斜和井身结构，运用井筒多相管流计算方法建立该井的物理模型和黑油模型，利用近期生产测试数据对模型的准确性进行拟合调试，建立准确的、符合现场实际的单井模型。

（2）油管尺寸优选

电潜泵提液井油管尺寸的选择主要考虑两个方面：①减少流体的滑脱损失和摩阻损失，充分考虑机组节能；②在满足油藏单井提液配产要求的同时，避免油管发生冲蚀。

根据井筒管流计算公式，电泵井配产较高时，使用尺寸较大的生产管柱可以减少摩阻损失，从而减少对电泵机组扬程和电机功率的需求，节约成本。

油管发生冲蚀的流速与配产有直接关系，需保证油井在最高配产的条件下不发生冲蚀，安全生产。冲蚀流速比小于 1，不会发生冲蚀，否则会发生冲蚀。因此选择油管尺寸需保证油井生产过程冲蚀流速比小于 1。

$$V_e = K / rho^{0.5} \qquad (3\text{-}59)$$

式中　V_e——冲蚀流速，ft/s；

　　　rho——流体混合密度，lb/ft³（1lb/ft³＝16.02kg/m³）；

　　　K——经验系数，碳钢推荐 100，防腐管材推荐 200。

（3）泵挂位置优选

泵挂位置的选择一般遵循以下原则：电泵沉没度不低于 200m；不同机组尺寸和不同套管尺寸组合下，机组弯曲度不超过 3°/30m，机组运行处狗腿度不超过 1°/30m；气液比较高时应尽可能加深泵挂，使泵吸入口流压尽可能大于油藏饱和压力、避免出现泵吸入口处脱气而影响机组正常工作。

（4）离心泵选型及参数计算

油藏配产决定离心泵的排量，根据排量选择合理的泵型。用户在选用电潜泵时需要了解电潜泵的特性曲线，以便判断所选用的电潜泵是否在高效区工作。通过特性曲线（图 3-19）可知，在抛物线顶部附近泵效率变化小，抛物线顶点就是泵运行的最高效工作点，包含该点的小区域构成泵的推荐工况区，必须对此区域内部及其边界扬程、排量和轴功率进行综合分析与验算。

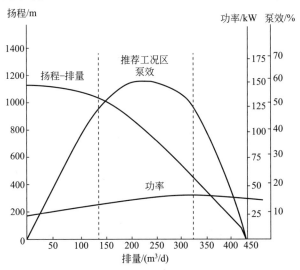

图 3-19　电潜泵特性曲线

离心泵扬程计算公式如下：

$$H=H_a+p_o+F_t=H_p+p_o+F_t-p \tag{3-60}$$

式中　H——油井总动压头；

　　　H_p——泵挂深度；

　　　p_o——油压折算压头；

　　　F_t——油管摩阻损失压头；

　　　p——泵吸入口压力；

　　　H_a——垂直举升高度。

$$F_t=(1-\eta_o)L=0.111\times10^{-10}\times\lambda\times\frac{Q^2}{d^5} \tag{3-61}$$

式中　η_o——油管效率；

　　　λ——摩阻系数；

　　　Q——液体流量；

　　　D——油管直径。

计算出总扬程后，除以单级扬程得到离心泵总级数。

（5）电机参数确定

当电潜泵的型号、扬程确定之后，再根据选定泵型的排量，用对应的单级叶导轮最大轴功率（而不是高效点的单级轴功率）来求取泵轴功率，也可以根据已经计算完的排量、扬程以及密度效率来计算轴功率，计算公式为：

$$P=\frac{QH\gamma_1}{8800\eta} \tag{3-62}$$

式中　P——泵轴功率，kW；

　　　Q——泵的额定排量，m^3/d；

　　　H——泵的扬程，m；

　　　γ_1——井液平均相对密度；

　　　η——泵的效率，%。

（6）电缆选型

电缆选型取决于电缆的长度、电流、电阻、井温和电压降等数据，电压降一般限制为5%，铜的电阻率为$0.017241\Omega\cdot mm^2/m$，具体计算公式如下：

$$\rho=0.017241\times1.02\times(234.5+T)/254.5 \tag{3-63}$$

$$A = \frac{1.732 \rho DI}{\Delta V} \tag{3-64}$$

式中　ρ——导体的电阻率，$\Omega \cdot \text{mm}^2/\text{m}$；

　　　T——井温，℃；

　　　I——电机电流，A；

　　ΔV——电缆电压降，V；

　　　D——电缆长度，m；

　　　A——电缆线芯的横截面积，mm^2。

（7）地面设备选型

电潜泵井地面设备主要考虑变压器和控制柜（变频器）的选型。潜油电机所配变压器的容量应能满足电机输入功率的要求，通常变压器的容量与电机功率的关系可表示为：

变压器容量 ≥ 电机功率/电机功率因数

对于潜油电机，电机功率因数一般为 0.82。考虑到电缆的损耗，实际变压器的选取容量还要将使用的余量计算进去，因此，变压器的容量计算公式表示为：

变压器容量≥（最大电机功率/电机功率因数＋电缆损耗）×安全余量系数

变频器选型需考虑变频器的效率以及输出滤波器效率，其计算公式如下（单位：kW）：

变频器功率＝电机功率/（升压变压器的效率×输出滤波器效率）×安全余量

对于安全余量，根据各个平台和机组使用情况有所不同。在选泵设计时，计算电机的功率与举升扬程已经留有较大的余量，在此按一般工程进行计算，安全余量系数取 1.2。

3.3.3　实例设计及实施效果

3.3.3.1　实例设计

以 WC-X 井为例，该井采液指数为 $2244\text{m}^3/(\text{d} \cdot \text{MPa})$，分析认为其具有较大的提液增油潜力，进行大排量提液电泵优化设计，油藏配产 $2500\text{m}^3/\text{d}$。WC-X 井相关的油藏数据：产层中深 1382.2m，油藏静压

12.08MPa，油藏温度 86℃，饱和压力 3.4MPa，含水率 92%，溶解气油比 31m³/m³等。

经计算可知：提液至 2500 m³/d 时，原 3-1/2in 油管冲蚀流速比远大于 1，存在严重冲蚀的安全风险。通过冲蚀和摩阻计算，合理选择油管尺寸，产液量与油管尺寸的关系如表 3-4 所示。综合考虑，建议该井提液选用 5-1/2in 的油管。

表 3-4　产液量与油管尺寸选择

产液量/(m³/d)	油管尺寸/in
<1200	3-1/2
1200～2200	4-1/2
>2200	5-1/2

根据泵挂位置优选原则，建议泵挂深度为 1080m，该位置井斜 69°（水平井），狗腿度 0.86°/30m，在原泵挂位置基础上加深了 200m，保证泵吸入口流压大于饱和压力。

根据离心泵参数确定方法，建议选用 2500m³/600m 的电泵机组，离心泵总级数为 52 级。根据电机参数确定方法，计算出电机额定功率为 285kW。

根据电缆及地面设备选型方法，建议选择 2♯电缆。经计算，提液后变压器和控制柜均不满足要求，需新增。通过与油田作业公司沟通后完成相应升级改造，已满足提液要求。

3.3.3.2　提液问题分析

（1）节点冲蚀

将该井生产管柱更换为 5-1/2in 油管后，模拟井下管柱受到的冲蚀情况，如图 3-20 所示。

由于目前井下安全阀、封隔器等井下工具的最大尺寸仅与 4-1/2in 油管配套，5-1/2in 油管与井下工具连接处存在缩径冲蚀。为解决此问题，优化管柱结构，变径处安装流动短节，预防冲蚀。

（2）井口改造

该井提液前油管及油管挂尺寸均为 3-1/2in，提液后需更换 5-1/2in 油管，建议相应换为 5-1/2in 油管挂，并改造井口采油树。

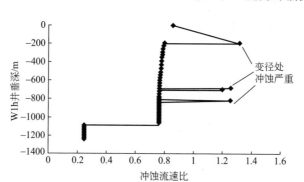

图 3-20　WC-X 井生产管柱冲蚀情况（5-1/2in）

（3）出砂风险

该井提液前产液 1500m³/d，现配产 2500m³/d，提液幅度较大，生产压差也相应增加，可能会出砂。参考该井见水后的临界生产压差并结合邻井提液后的生产情况分析，WC-X 井提液后出砂风险较低。

（4）其他问题

提液后，该井所在平台需处理的液量每天增加 1000m³，平台增加用电量 105kW，通过与油田现场沟通后对液处理、海管及发电等相关设备完成升级改造，满足提液需求。

3.3.3.3　实施效果

WC-X 井于 2015 年 6 月实施换大泵提液作业，入井机组 2500m³/600m 变频机组，下入电泵工况仪，对电泵运行情况及油藏信息进行实时监测。作业后，电泵运行频率 50Hz，产液 2445m³/d，机组运行工况合理、泵效高达 68%，油井生产状况良好且无明显出砂现象，日增油约 75m³，2015年实现年增油 1.35×10⁴m³。

2015 年至今，南海西部累计有 5 口井提液超过 2000 m³/d，最大提液量 3000m³/d，采用该方法进行设计，各井生产情况良好，增产效果显著。

3.4　单井双泵设计技术

双电潜泵技术通过增加一套备用机组来延长电泵井检泵周期，从而减少修井作业动用钻井船的次数，降低油田开发、维护费用，提高油井生产时率。为了有效开发海上边际油田，将双电潜泵技术与无人驻守井口简易平台相结合，形成海上无人简易平台双电泵技术，是海上边际油田开发的有效手段。部分油井产量过低，不能保证潜油电机及时散热，影响机组的运行寿命，为解决此问题，通过优化常规双电泵管柱结构，创造性地提出了双电泵双导流罩双监测管柱设计方案，并在南海西部部分边际油田中成功应用，对于类似边际油田的开发具有一定的参考意义。

3.4.1 单井双泵技术

双电潜泵系统主要有以下特点：

① 延长电潜泵的运行寿命，减少修井次数，减少修井费用。

② 减少修井作业对储层及环境的污染。

③ 两套机组可实现较宽的流量调节范围，实现提液或减产的目的，满足油藏生产要求。

④ 两套机组可实现较大的扬程调节范围，以满足压力衰减或含水量上升后电泵举升扬程的需求。

根据管柱结构，可以分为双 Y 接头管柱和单 Y 接头管柱两种方案。

① 双 Y 接头管柱　双 Y 接头管柱结构如图 3-21 所示。上下电泵机组的出口端均安装了单流阀，具有良好的反向密封作用。当上电泵机组运行时，下电泵机组上方的单流阀和下部旁通管上安装堵头的工作筒分别密封下电泵支路和旁通支路。当下电泵机组运行时，上电泵机组上方的单流阀和下部旁通管上安装堵头的工作筒分别密封上电泵支路和旁通支路。

② 单 Y 接头管柱　单 Y 接头管柱结构如图 3-22 所示，只有上部 Y 接头，下电泵机组连接在旁通管上。同样，上下电泵机组的出口端均安装单流阀，具备良好的反向密封作用。与双 Y 接头管柱结构相比，单 Y 接头管柱简化了双电泵管柱的安装与下入。

图 3-21　双 Y 接头管柱结构

1—油管挂；2—封隔器；3—工作筒；4—上 Y 接头；
5—单流阀；6—上电泵机组；7—下 Y 接头；8—工作筒；9—下电泵机组

3.4.2　双电泵双导流罩双监测管柱优化设计

（1）管柱结构优化

双电泵双导流罩双监测技术是在常规双电泵管柱基础上进行改造及优化。通过双 Y 接头和单 Y 接头管柱结构的对比，单 Y 接头方便双电泵机组安装与管柱下入，可缩短作业时间，降低作业费用。因此，设计双电泵双导流罩双泵工况管柱（如图 3-23 所示），Y 接头两侧加工凹槽，保护两条小扁电缆，使其在管柱下入过程中免受磨损。设计符合尺寸要求

图 3-22 单 Y 接头管柱结构

1—油管挂；2—封隔器；3—工作筒；4—Y 接头；5—单流阀；6—上电泵机组；7—下电泵机组

的导流罩，方便现场的安装与管柱的下入。每套机组均安装泵工况仪实时监测电泵机组运行情况。

（2）双导流罩设计

对于产能过低的电潜泵井，潜油电机会由于液量过低散热不及时，导致运行温度过高，缩短运行寿命甚至烧毁，增加修井频率。边际油田的部分油井也存在此问题，因此设计了双导流罩结构，如图 3-23 所示，导流罩通过悬挂器挂在泵吸入口处，将电机罩在其内部，通过缩小流动通道来提高电机表面流体流速，降低电机运行温度。

根据美国石油工程师学会标准（API 标准），电泵机组在油井内运行时，流经电机表面的流体流速必须大于或等于 0.3048m/s，这样才能保证电机运行时的散热。电机表面流速可用下式计算：

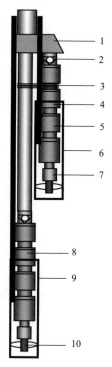

图 3-23　双电泵双导流罩双泵工况管柱示意图

1—Y 接头；2—单流阀；3—电泵手铐；4—电泵吸入口；5—上电泵机组；

6—上导流罩；7—泵工况仪；8—下电泵机组；9—下导流罩；10—电机导架

$$S = \frac{1250Q}{27\pi(D^2 - d^2)} \tag{3-65}$$

式中，S 为流体流经电机表面的流速，m/s；Q 为电泵井产量，m^3/d；D 为导流罩内径，mm；d 为电机外径，mm。

表 3-5 计算了某井在不同产量时有无导流罩情况下电机表面流速和电机温度。由表中数据可见，双导流罩的设计可以很好地解决产量过低，电机无法及时散热的问题。

表 3-5　某井潜油电机表面流体流速与电机温度计算结果

是否安装导流罩	产液量/(m³/d)	电机表面流速/(m/s)	电机温度/℃
未安装	50	0.025	166
	40	0.018	164
安装	50	0.833	126
	40	0.624	124

（3）双监测装置

上下电泵机组均安装泵工况仪，可以实时监测泵吸入口压力、泵出口压力、泵吸入口温度、电机绕组温度、电机振动以及电流漏失等参数，及时了解电泵机组运行情况，从而制定合理的工作制度，满足油藏产量要求，保证电泵机组的高效合理运行。

（4）非 API 标准工具研发

根据海上油井的结构特点，在双电泵双导流罩双监测管柱设计中应用了很多非 API 标准工具，其中包括导流罩悬挂接头和导流罩本体、电机导架等，如图 3-24 和图 3-25 所示。

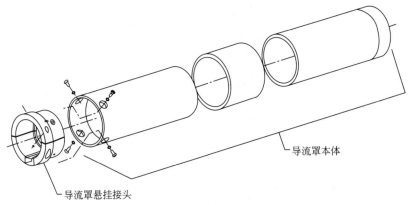

图 3-24 导流罩悬挂接头和导流罩本体

图 3-25 电机导架

特制的导流罩设计选用 5-1/2 15.5♯ VAM 套管，通过导流罩悬挂接头安装于电泵吸入口上部，包裹住电机、保护器及吸入口，使进入导流

罩的流体与电机充分接触，增加了电机表面流体流速，加强电机的冷却
效果，降低其运行温度，延长电机寿命。

电机导架安装于电机底部，使电机在导流罩中处于中间位置，防止
电机局部过热及小扁电缆的损伤。

3.4.3　施工要点与双电泵工作制度分析

（1）施工要点与注意事项

双电泵双导流罩双泵工况管柱结构复杂，施工难度较大，在施工过
程中需注意以下几个问题：

① 确保每套电潜泵机组上方的单流阀质量良好，保证其密封性良好，
保证上下机组生产时的通道单独工作，防止漏失。

② 上电泵机组与旁通管用电泵手铐固定，旁通管选择薄壁油管与导
流罩组合应用，尽量减小投影尺寸。

③ Y接头两侧加工凹槽，固定两条小扁电缆，使其在管柱下入过程中免
受磨损。

④ 双电缆必须同步下入，并做好上、下电潜泵电缆标记，打好电缆
绑带和双电缆保护卡，按规范及时监测双电缆的绝缘、三相直阻和泵工
况仪信号。

⑤ 严格控制下放速度，以避免在狗腿度较大的井段对机组造成冲击，
确保机组平稳、顺利下入到位。

（2）双电泵工作制度

① 开井启泵使用变频器，降低电流对井下机组的冲击；初次启动双
泵井，先运行备用机组，备用机组测试完成后关停，再启动主行机组。

② 每次停机后进行常规的电气检测，包括三相直流电阻、绝缘、泵
工况仪参数等。上、下电泵无论是否运行都要检测并与历史数据对比。

③ 每间隔一月检测备用电泵机组电气参数（三相直流电阻、对地绝
缘、泵工况仪参数）是否正常，并与历史数据进行对比。

④ 对于为适应油藏变化而设计的双泵规格不相同的油井，在非油藏

变化的情况下，不得人为关停在运行机组。

⑤ 对于为提高检泵周期而设计的双泵规格相同的油井，在井况无结垢时，不得启用备用机组。在井况有结垢或井况不明时，建议每半年换泵生产。调换时机应选择在运行机组因故关停时，不得人为关停在运行机组。

3.4.4　现场应用及分析

双电泵双导流罩双监测技术已在南海西部多个边际油田成功应用。2010 年 3 月，首套双泵双导流罩双监测系统在 WZ6-8 油田 A3H1 井完井作业成功，在日产仅 $10 \sim 20 \mathrm{m}^3/\mathrm{d}$ 的条件下，已连续平稳运行超过 1400d，按低产井平均检泵周期 500d 计算，已减少 2.5 次的检泵次数。WZ6-8 油田井口平台未配置修井机，检泵修井作业需动员钻井船来完成，因此减少修井作业次数有效地减少了开发周期内的修井作业费用，大大降低了修井对环境造成污染的风险。

涠洲 11-4N 油田于 2010 年 11 月底投产，同样是无修井机的井口简易平台，采用双电泵管柱结构，但部分油井由于单井产量低，电机运行温度过高，一直间歇保护生产。2012 年 7 月借钻井船打调整井机会，更换为双电泵双导流罩双监测管柱后，一直连续高效生产至今，增强了电泵生产的稳定性，提高了油井的生产时率（图 3-26）。

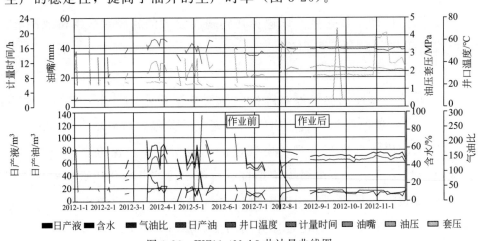

图 3-26　WZ11-4N-A8 井计量曲线图

3.5　高含气井塔式电潜泵设计技术

电潜泵利用离心作用对井液进行加压，对井液中的游离气比较敏感。对于过饱和油藏、地饱压差小的油藏或衰竭式开采后期的油藏，产油井不可避免会出现高气油比状况。当井液中游离气含量超过设计允许值时，电潜泵的工作性能将变得不稳定，泵的扬程、排量及效率下降，电机运行电流波动加剧，油井生产不平稳；严重时，离心泵流道的大部分空间被气体占据而产生气锁，离心泵停止排液，机组欠载关停。

为提高电潜泵在高气油比油井中的适应性，拓宽电潜泵的应用范围，在常规避气技术和气体分离技术的基础上，研究一种新的举升技术：应用塔式泵设计理念，同时使用高级气体处理设备，可大大增加电潜泵处理游离气的能力。在一定条件下，当泵挂处的游离气体积百分数高达90％时，电泵仍可正常运行。

3.5.1　避气入泵技术

① 在条件允许的情况下，尽量加深泵挂，甚至可将电潜泵下至射孔段以下，以使泵吸入口处流压大于油藏饱和压力。

② 如果不可避免出现泵吸入口处脱气，可使用导流罩避免气体进泵。图 3-27 为导流罩利用重力作用进行游离气分离的示意图。

3.5.2　气体分离技术

使用气体分离器，利用气液两相的密度不同，通过使气液两相高速旋转产生不同的离心力从而使两相分离。液体密度较大被甩在外圈，气

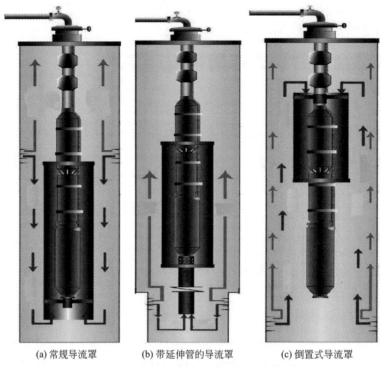

(a) 常规导流罩　　　　(b) 带延伸管的导流罩　　　　(c) 倒置式导流罩

图 3-27　利用导流罩分离游离气示意图

体密度较小滞留在中央，经过交叉流道时，气体被排出至环空，液体进入离心泵。

① 常规旋转式气体分离器，可处理占油气水三相总体积 30％以下的游离气体，分离效率可达 90％。

② 新型漩涡式气体分离器，通过诱导轮使流体产生压力进入轴流叶轮，再由轴流叶轮使流体产生涡流运动，使气液两相分离。此种分离器的优点是能量消耗低、旋转部件少、转动惯量低、动平衡精度容易保证，具有较大的气液分离腔体，能处理的气液流量大大增加，在一定的情况下油气分离效率可达 95％。贝克休斯公司的 Gas Master 为该类产品的代表。

3.5.3　气体处理技术及塔式电潜泵设计方法

（1）影响泵处理游离气能力的几个因素

对于特定的油井，当泵挂处游离气体积百分含量一定时，影响泵处理游离气能力的因素，主要有泵工况点、泵转速、叶轮类型、泵挂处流压。

① 泵工况点　泵工况点在最佳效率点右侧优于左侧。

② 泵转速　泵处理游离气的能力随着泵转速的增加而增加。

③ 叶轮类型　泵处理气体的能力取决于泵型和流道，如图 3-28 所示，一般来说轴向流泵气体处理能力大于混向流泵大于径向流泵，泵型额定排量越大、流道越平行于轴流方向，泵型处理气体能力越强。

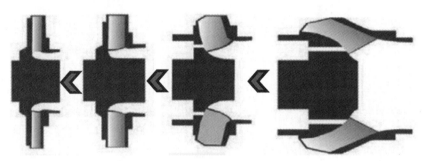

图 3-28　各种泵型处理气体能力示意图

④ 泵挂处流压　泵处理游离气的能力除了与本身的结构有关系外，还和泵挂处流压有关，泵挂处流压越高，泵对游离气的耐受性越强。

Turpin 相关式是最简单的预测泵处理游离气能力（ϕ）的公式，表示如下：

$$\phi = \frac{2000(q_s/Q)}{3p_s} \tag{3-66}$$

式中　q_s——泵吸入口处的气体体积流量；

　　　Q——泵吸入口处的液体体积流量；

　　　p_s——泵挂处流压。

当 $\phi \leq 1$ 时，且泵的工况点在最佳效率点或最佳效率点右侧，泵运行稳定；当 $\phi > 1$ 时，泵受气体干扰的可能性逐渐增加，严重时甚至气锁。用图 3-29 表示式(3-66)，泵稳定运行区域在曲线右下侧，曲线左上侧为运行不稳定区域或气体潜在干扰区域。

（2）气体处理技术分析

依据上述分析，目前在提高泵处理游离气能力的设计方面，主要有以下 3 种思路：设计塔式电潜泵；使用高级气体处理设备；监测电机负

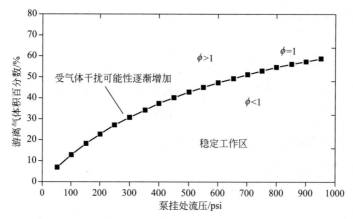

图 3-29　某混向流泵型气体耐受能力与泵挂处流压关系图

载，实时提高机组转速。

① 设计塔式电潜泵　塔式电潜泵是指离心泵上下端泵型不同，下端泵型较大、上端泵型较小，型如"塔"，故称为塔式泵。泵在举升含有游离气的井液时，从下端第一级泵至上端最后一级泵，压力逐渐升高，气液总体积逐渐减小。塔式泵的设计理念，一方面使泵型适应油气总体积的变化，提高了泵的总体效率；另一方面，提高了泵处理气体的能力。

假定某高气油比油井产层中部垂深为 H_v，地层饱和压力为 p_b，地面产液量为 Q 时对应的产层流压为 p_f，井筒流压梯度为 γ，泵挂垂深为 H_p，泵挂处流压为 p_{fp}，设计泵排量为 Q_0，扬程为 H_y，则一般有：

$$H_v > H_p, \quad p_{fp} = p_f - \gamma(H_v - H_p) \tag{3-67}$$

假设塔式电潜泵从下端泵入口至上端泵出口由 3 种泵型组成，即泵 1、泵 2、泵 3，额定排量依次为 Q_3、Q_2、Q_1，对应排量下单级扬程依次为 Z_3、Z_2、Z_1，分别配置叶导轮级数为 N_3、N_2、N_1。设计时一般要求满足三个条件：

a. 每种泵型均能处理所在工况条件下的游离气；

b. 泵 1 最后一级叶轮的工况点在泵 2 推荐排量范围内，泵 2 最后一级叶轮的工况点在泵 3 推荐排量范围内；

c. 三种泵型所产生的扬程，满足油井生产需要。

$$H_y = Z_3 N_3 + Z_2 N_2 + Z_1 N_1 \geqslant H_p - 100 p_{fp} \tag{3-68}$$

② 使用高级气体处理设备

a. 在游离气进入离心泵前，对游离气进行预处理，改变游离气的形态和大小。

代表产品有：斯伦贝谢公司 Poseidon 轴流泵，如图 3-30 所示，该泵最大能处理 70％的游离气。在泵吸入口使用 Poseidon 轴流泵，使气液混合物均质化，降低气泡直径；不断对气液混合物加压，将气体压缩进液体。经过处理的气液混合物中，压力提高，游离气减少，且游离气均呈小气泡状态。

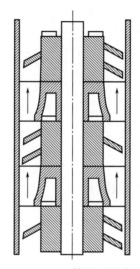

图 3-30　Poseidon 轴流泵流道示意图

b. 改变离心泵的流道设计，提高泵对游离气的耐受性。

代表产品为：贝克休斯公司 MVP 多相流泵，如图 3-31 所示，该泵最大能处理 70％的游离气。MVP 泵叶轮内侧有若干个小孔，便于在举升气液混合物时，气体从叶轮的内侧孔中逸出，增加了泵对游离气的耐受性；MVP 泵有独特的分流叶片设计，易使气液混合物均质化；陡峭的出口角度增加了对液体的传递能力，提高了在低流速下叶轮的举升作用。

③ 监测电机负载，实时提高机组转速　泵处理游离气的能力随着泵转速的增加而增加，目前海上油田基本都采用变频器来控制电潜泵的运转，当控制柜监测到电泵机组运行电流在下降时，可实时提高机组运行频率来增加泵的转速，从而使泵克服气体段塞的影响，平稳运行。

图 3-31　MVP 泵叶轮示意图

3.5.4　塔式电潜泵设计应用实例

WC-X 油井生产层位衰竭式开采，油藏中部垂深 1230m，原始地层压力为 12.66MPa，饱和压力为 11MPa，溶解气油比 119m³/m³。该井早期为自喷生产，产液量在 60~100m³/d。随着地层压力的衰减，该井自喷产量逐渐下降，逐渐失去平稳的自喷能力，间歇自喷的产量大约在 20m³/d，此时的地层静压为 10.44MPa，含水为 2.9%。

（1）设计与应用效果

电潜泵设计要求：油井地面产液量 90m³/d，泵挂垂深 1200m。

采用塔式电潜泵设计理念并使用高级气体处理设备：20 级 400 系列 GINPSH 下节泵＋137 级 400 系列 G12 MVP 上节泵，泵特性曲线分别如图 3-32 和图 3-33 所示。

计算 GINPSH 泵吸入口处流压为 3.7MPa，流量为 217m³/d，游离气体积百分含量 54%，在 GINPSH 泵操作范围内；计算 MVP 第一级叶轮处流压为 4.2MPa，流量为 190m³/d，游离气体积百分含量 47%，在 MVP 泵操作范围内。

修井作业后，该井产液量达到设计配产要求，且电潜泵运行平稳。

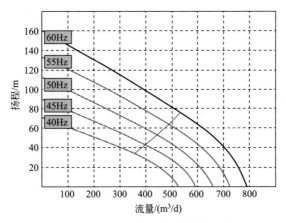

图 3-32　20 级 GINPSH 泵特性曲线

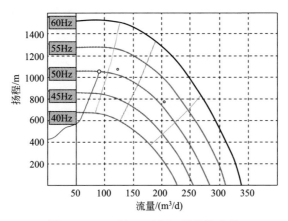

图 3-33　137 级 G12MVP 泵特性曲线

（2）小结

① 对于特定油井，当泵挂处游离气体积百分含量一定时，影响泵处理游离气能力的几个主要因素为：泵工况点、泵转速、叶轮类型、泵挂处流压。

② 在常规避气技术、气体分离技术的基础上，通过应用塔式泵设计理念，使用高级气体处理设备，形成了气体处理技术。该技术拓宽了电潜泵的使用范围，并且在现场应用中取得了显著的成效。

第 4 章

电潜泵井工况诊断技术

本章介绍了电潜泵井故障的主要原因、诊断分析方法和故障处理方法，适用于海上电潜泵井工况诊断分析及故障处理。

4.1　电潜泵井故障主要原因

电潜泵需要从地面供电到井下，利用电机将电能转化为机械能，从而将井液举升到地面。由于电潜泵的特性，电气故障和机械故障都会影响电潜泵的稳定生产，具体影响因素可分为离心泵故障、电机故障、电缆故障、地层问题及管柱问题等。

4.1.1　离心泵

离心泵是电潜泵机组的主要部件，其正常工作条件要求油井供液良好，含砂量小于 0.05％，泵吸入口气油比小于 30％。最佳排量范围为额定排量的 0.75～1.25 倍，沉没度为 200～300m，电流不平衡度小于 5％，电压不平衡度小于 5％等。

离心泵故障主要有以下几种：

（1）泵磨损

泵磨损是指泵的止推轴承或叶轮等部件的磨损。现场应用发现叶导轮的主要失效模式是磨损，主要发生在叶导轮轮毂与轴之间、叶轮下裙部与导壳配合处。当泵出现磨损时，工作参数上表现为泵的排量高于其合理排量（高排区），或者泵的排量低于其合理排量（低排区），泵效不高。

造成泵磨损的主要原因为选泵不当，井液含砂量高或含有较多的腐蚀性物质，且机组使用时间过长。

（2）泵堵塞或卡泵

泵堵塞是指井液中的砂、蜡、沉积物积聚在泵叶轮或吸入口引起的堵塞故障，严重时会造成卡泵，泵停止工作。泵堵塞在机组工作参数上表现为泵的排量低，转速低于正常值，扭矩大，泵效低，工作电流高于正常值。

造成泵堵塞的主要原因为油井出砂、结蜡，井液含杂质。

（3）泵轴断

当泵轴断时，工作电流急剧升高，过载后立即停机。泵轴断在机组工作参数上主要表现为泵排量很低，载荷的变化呈现由正常迅速增大，然后突然降低到空载，井口排量急剧下降到自喷产量，井口压力很低，泵的转速很低。

造成泵轴断的主要原因为叶轮或分离器被堵塞，或者套管变形，以及严重的卡泵，由于扭矩过大，使泵轴断裂。

（4）泵抽空

泵抽空是指泵腔内的井液过少所导致的一种故障。当机组出现泵抽空时，在工作参数上主要表现为欠载停机，泵排量逐渐降低，泵效低。

造成泵抽空的主要原因为泵挂深度低，油井供液不足，选泵过大。

4.1.2 电机

潜油电机的正常工作条件为：三相工作电压的不平衡度小于 5%，三相工作电流的不平稳度小于 5%，电源电压的波动范围为 −5%～+5%，电机对地绝缘电阻大于 1，油井状况良好，保护器的密封情况良好。

潜油电机故障主要有以下几种：

（1）电机振动

当潜油电机机组出现振动现象时，振幅和频率较高，工作载荷会增大，但不会出现过载停机。

造成电机振动的主要原因为机组不平衡，定子和转子之间的摩擦力较大，电机的轴承损坏，联轴器连接不良等。

（2）机械损坏

潜油电机的机械损坏是指由载荷过大造成的电机部件损坏，主要包括电机轴和止推轴承的机械损坏。电机的机械损坏在工作参数上表现为扭矩过大。

造成电机机械损坏的主要原因包括套管变形，电潜泵叶轮堵塞，分离器堵塞，止推轴承磨损严重等。

（3）电机过热

潜油电机过热在工作参数上主要表现为工作电流和电压不平衡增大，对地绝缘电阻低。电机过热受到诸多因素的影响，短时间内频繁启动，井液黏度高，密度大，选泵不当，电流、电压不平衡，电机油被污染或漏失，供液不足，长期过载，欠载运行等都是电机过热的主要原因。同时，保护器故障也会导致电机过热。

（4）电机烧坏

潜油电机烧坏是指电机的温度超过其允许范围，最终使电机烧坏的一种故障。电机烧坏在机组工作参数上表现为工作电流过载，电流、电压不平衡度远大于正常值，绝缘电阻很低，排量急剧下降到自喷产量。

造成电机烧坏的主要原因为工作电压极度不平衡，工作电流长期过大，电机油迅速漏失或被严重污染，井液进入到保护器中，电机的润滑和冷却不良，油井供液不足，泵挂深度太低，出砂过多，结蜡严重等。

4.1.3　电缆

潜油电缆工作受到井液腐蚀、温度、压力等因素的影响，所以故障率较高。潜油电缆的正常工作要求是电缆耐油、耐水、耐高温、耐高压，对地绝缘电阻大于 500MΩ，三相直流电阻不平衡度小于 2%，两倍工作电压下无击穿点。

潜油电缆故障主要有以下几种：

（1）绝缘电阻低

绝缘电阻低是指电缆的绝缘电阻小于其要求值，使电缆过热，最终使电缆不能正常工作。电缆绝缘电阻低在工作参数上表现为相间绝缘电阻小于 500MΩ，对地的绝缘电阻小于 500MΩ，井底温度高。

造成电缆绝缘电阻降低的主要原因是井底压力大、温度高、腐蚀性强、机械损伤，同时也包括正常老化等因素。

（2）电缆击穿

电线击穿是指电缆的表层受到损伤后，电缆的绝缘电阻明显降低，在较高的工作电压下，电缆直接被击穿。电缆击穿在机组工作参数上表现为电缆绝缘电阻远小于正常值，电流不平衡度高。

电缆击穿的主要原因为井液的腐蚀性强，井底压力过大，温度过高，使电缆保护层破坏。另外，严重的机械损伤及长时间老化，也是电缆击穿的主要原因。

（3）电缆头烧坏

电缆头烧坏在机组工作参数上表现为工作电流立刻降为零，电潜泵排量立即下降到自喷产量，机组立刻欠载停机。

造成电缆头烧坏的主要原因为电缆头处进井液。

4.1.4　地层

为保证电潜泵在油井中正常工作，要求地层供液合理，含砂量小于 0.05%，气液比小于 30%，泵挂深度和沉没度保持在一个合理的范围内，油井的产量和工况要与电潜泵系统匹配合理。

油井条件造成故障主要包括以下几种原因：

（1）地层供液不足

当油井出现供液不足时，吸入口进气，工作电流出现无规律的短时间波动，随后欠载停机。当再次启动电泵后，动液面很快降低，工作电流下降，并欠载停机。

造成油井供液不足的主要原因为地层的供液能力差，其次，泵挂深度低、选泵过大也是主要因素。

（2）气体影响或气锁

气体影响是由所抽汲流体中含有较多的游离气体所造成的一种油井故障。当气体随流体一同进入到电潜泵机组中时，由于气体占据了泵的一部分体积，使得系统的载荷发生突变。当气体影响达到一定严重程度时，大量气体进泵，使电潜泵机组的产液量很低，产气量很大，最终导致电潜泵不能正常工作，这就是气锁。当油井出现气锁时，排量低于额定排量，最终液面接近泵吸入口，使电潜泵欠载停机。

造成气体影响的主要原因为井液含气量较大、选泵较大、泵挂深度低，油井供液不足造成的吸入口进气也是气体影响的主要因素。

（3）砂堵

砂堵是指由油井出砂引起的电潜泵堵塞或者管线堵塞。当油井出现砂堵时，由于机组的载荷突然增大，可能会引起过载停机。

造成砂堵的主要原因为油井地质状况不佳，出砂量大。

（4）蜡堵

蜡堵是指原油中的蜡析出后粘在泵腔的叶导轮或者排出管线上，使得油井产量降低的一种故障。当油井出现蜡堵时，机组的载荷增大，当结蜡现象严重时，可能会导致过载停机。

造成蜡堵的主要原因为井液中的含蜡量高或长期未清蜡。

4.1.5 管柱

（1）井下安全阀异常关闭

井下安全阀异常关闭，造成机组运行电流小，井口无产出，井底流压上升。

（2）Y堵不严、生产管柱存在漏点

Y堵不严、生产管柱存在漏点，造成井下生产流道存在内循环，井口产量小，温度低，机组运行电流变化不明显。

（3）井下放气阀未打开

井下放气阀未打开，造成油套环空中气体排放不及时，严重的会导致机组气锁关停。

（4）生产管柱缩径、油嘴堵

生产管柱由于结蜡、结垢存在缩径，油嘴堵塞，致使油井生产所需扬程上升，离心泵工况点向左偏移，油井产量下降。

4.1.6　计量及地面设备

电潜泵井生产异常，有可能是由地面计量引起的误会，应首先确保计量的准确性。

由于平台供电设施导致电压或电流波动造成对电泵机组的伤害，或者地面变压器、控制柜问题导致的油井故障，通过检查、维修及更换地面设备来排除。

4.2　宏观控制图分析技术

电潜泵井动态控制图法可用于对电潜泵井的生产状况进行监测。该控制图横坐标为排量效率，纵坐标为井底流压，四条线及动态控制图边框线将电潜泵井动态控制图划分为五个区域：工况合理区、参数偏大区、参数偏小区、资料核实区和生产异常区。

4.2.1　建立电潜泵井动态控制图

4.2.1.1　井底流压与压头关系

电潜泵井的排量 Q 与压头 TDH 的对应关系反映在电潜泵的排量扬程

关系曲线上。当泵的压头以压力的形式表示时，它与压力梯度 τ_h 和井底流压 p_{wf} 的关系为：

$$p_{wf} = \tau_h(H - L_1) + p_{twh} + \tau_o L_1 + \xi L_2 - TDH \tag{4-1}$$

$$\xi = AQ^{1.819} \tag{4-2}$$

式中 p_{wf}——井底流压，MPa；

$\quad\quad \tau_h$——泵吸入口至油层中部深度段混合液压力梯度，MPa/m；

$\quad\quad H$——油层中部垂深，m；

$\quad\quad L_1$——下泵垂深，m；

$\quad\quad L_2$——下泵斜深，m；

$\quad\quad p_{twh}$——油压，MPa；

$\quad\quad \tau_o$——泵上油管内液柱压力梯度，MPa/m；

$\quad TDH$——泵的扬程（压头），MPa；

$\quad\quad \xi$——管损系数，MPa/m；

$\quad\quad Q$——电潜泵的排量，m^3/d；

$\quad\quad A$——系数，推荐值为 1.35×10^{-8}。

4.2.1.2　井底流压与排量效率的关系及修正

排量效率 η 的计算公式为：

$$\eta = \frac{q_a}{q_r} \times 100\% \tag{4-3}$$

式中 q_a——统计期内单井实际平均产液量，m^3/d；

$\quad\quad q_r$——该井电潜泵在相应频率下的额定排量，m^3/d。

利用电潜泵特性曲线中排量与扬程的关系，同时考虑井液黏度和含气影响，可得出井底流压与排量效率的修正关系为：

$$p_{wf} = \tau_h(H - L_1) + p_{twh} + \tau_o L_1 + \xi L_2 - M\tau_w(C - A\eta^2 - B\eta) \tag{4-4}$$

式中 τ_w——静液注（水）产生的压力梯度，MPa/m；

$\quad\quad M$——电潜泵特性曲线中排量扬程关系曲线校正系数，其值等于实测电潜泵井平均扬程与相同排量效率下的平均理论扬程之比；

$\quad\quad \eta$——电潜泵排量效率，%；

$A，B，C$——排量效率扬程曲线的回归系数，通过式（4-1）式（4-4）推

导出的公式 $TDH = M\tau_{w}(C - A\eta^{2} - B\eta)$ 回归得出。

4.2.1.3　生产单元及单井电潜泵控制图的绘制

① 根据生产单元平均油层中部深度与平均下泵深度的关系、电潜泵特性曲线、原油物性等相关数据，选定电潜泵的最大排量效率 η 和油井的最大井底流压 p_{wf}，确定出框图的大小，确定坐标名称（纵坐标为井底流压，横坐标为排量效率），标出坐标的刻度及单位。

② 井底流压-排量效率上界限 a 线的确定　取生产实际中 H 与 L_1 之差的最小值，取统计井中电潜泵额定排量的最小值，利用式（4-1）和式（4-4）即可做出井底流压-排量效率的上界限 a 线。

③ 井底流压-排量效率下界限 b 线的确定　取生产实际中 H 与 L_1 之差的最大值，取统计井中电潜泵额定排量的最大值，利用式（4-1）和式（4-4）即可做出流压-排量效率的下界限 b 线。

④ 排量效率下限 c 线的确定　电潜泵最佳排量效率范围在 $\eta = 60\%$ 和 $\eta = 135\%$ 之间（各油田可依据电潜泵特性曲线和实际生产数据调整最佳排量效率范围）。在井底流压-排量效率的最佳排量范围的下界限 $\eta = 60\%$ 的位置做一条垂直于横坐标的线，作为划分合理区与参数偏大区的界限，分别交 a、b 线于 A、B 点，AB 线即为动态控制图的排量效率下限 c 线。

⑤ 参数偏小区界限 d 线的确定　在效率 $\eta = 135\%$ 的位置做一条垂线，交 a 线于 D 点，从 D 点做法线 d 线，交 b 线于 C 点，d 线作为划分工况合理区与参数偏小区的界限。

⑥ 根据每口井的排量效率和井底流压画出其相应的坐标点，进行统计分析，个别离散的井点应标明井号，以便核实数据。

⑦ 根据以上各项具体要求和说明，理论计算并结合现场实际生产情况修正各条界限线，画图。在生产中试用、修改，绘制出适合本生产单元的动态控制图。

4.2.2　电潜泵工况分析及技术措施

由 a、b、c、d 四条线及动态控制图边框线，将电潜泵井动态控制图划分为五个区域：工况合理区、参数偏大区、参数偏小区、资料核实区和生产异常区。

"工况合理区"是动态控制图中反映供液与采液关系协调、抽汲参数匹配合理、符合开采技术界限要求的区域；

"参数偏大区"是动态控制图中反映井底流压低、排量效率低的区域；

"参数偏小区"是动态控制图中反映井底流压高、排量效率高的区域；

"资料核实区"是动态控制图中反映井底流压与排量效率相矛盾的区域；

"生产异常区"是动态控制图中反映井底流压高、排量效率偏低的区域。

① 对位于生产异常区及参数偏小区、参数偏大区中的井，应采取调节参数或检泵等措施使其达到供采协调、恢复正常。

② 对位于资料核实区中的井，应对产量、含水、液面、油套压等资料进行核实，并重新进行分析，资料核实后可划入其他区域。

③ 对位于工况合理区中的井，应进行日常维护管理，并加强资料的获取。

4.3　憋压诊断方法

4.3.1　憋压诊断方法简介

电潜泵井憋压诊断是根据实际生产需要以及生产管柱的结构特点，在实际生产过程中对压头、排量、管柱及泵参数进行分析以后提出来的诊断方法。通常在出现井口液量降低、电泵吸入口压力升高的现象时使用，电潜泵磨损、部分轴断裂、花键套脱开、生产管柱流道变化及管柱漏失等情况下，可以使用憋压诊断方法分析生产异常原因。

憋压诊断方法是在电潜泵正常运转的情况下，迅速关闭井口回压阀门进行憋压，并在适当时刻停泵，记录憋压操作过程中整个井口压力和时间的变化关系并绘制曲线，根据曲线分析电潜泵的运行工况。

4.3.2 憋压诊断现场操作方法

（1）准备工作

根据海上不同油田、不同油井的实际生产情况，准备好对应量程的压力表、计时器、对应规格的活动扳手等工具仪表。准备好带有坐标格的记录纸，并建立好平面直角坐标表（纵坐标为压力、横坐标为憋压时间）；同时需做好憋压过程中发生异常情况的安全预案工作。

（2）憋压操作方法

① 首先检查地面设备、井下设备、井口等相关部件是否正常，可将原来的油压计量表换成准备好的足够量程（量程通常为最高憋压压力的1.2 倍）的标准压力表，紧好螺丝后方可进行憋压操作。

② 确定地面设备、流程正常后，按开井频率启泵。

③ 缓慢关闭生产翼阀，油压上升至某一值后基本稳定并记录该值，即电泵井实际生产频率下的最大油压。因录取压力点的时间间隔短，憋压操作需要多人配合完成，分别负责记录数据、开关阀门、停泵以及在憋压过程中监视设备状况等工作。由于电潜泵排量较大，除管柱严重漏失、泵故障及含气量特别大的油井外，压力上升通常很快，甚至几十秒就达到 10MPa 以上压力。因此，在憋压过程中要做好随时处理各种异常情况的准备工作。

关闭阀门后，每间隔 10s 或者 15s 录取一个压力值，在对应的坐标位置上做点或将数据填写在对应的表格里。当压力上升速度明显缓慢或者曲线从指数曲线进入对数曲线段，或者压力很低时就为对数曲线，则当曲线进入平缓阶段后，就可停泵观察压力变化情况。如果压力虽还没有进入上述情况，压力值就很高而接近井口压力最低承压能力，或者已经出现明显管柱漏失现象，需要马上停泵，或者打开阀门泄压以保障生产安全。

④ 停泵，缓慢打开生产翼阀，重新启泵恢复油井正常生产。

（3）憋压曲线示意图

在油井正常生产情况下，根据憋压过程中压力上升速度的变化规律可将其过程分为 4 个阶段，如图 4-1 所示。

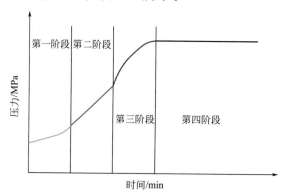

图 4-1　理想状态下电潜泵井憋压不停泵特征曲线图

① 憋压第一阶段　主要是油管内自由气体的压缩过程，表现为井口油压与憋压时间呈指数上升关系。

② 憋压第二阶段　主要是油管内混合液体的压缩过程，表现为井口油压与憋压时间呈线性关系。

③ 憋压第三阶段　主要是泵排出口压力与液面恢复造成的吸入口压力同步增加，表现为井口压力与憋压时间呈现关井压力恢复的对数关系。

④ 憋压第四阶段　主要是憋压后停泵，由于电泵单流阀的存在，流体与外部介质不存在交换，压力将保持在停泵前的水平上，表现为井口油压与憋压时间呈现水平直线关系。

电潜泵井管柱漏失时，憋压过程中由于油管内外压差的作用，使井液流入油套环空或者漏失到油管下部。在管柱漏失情况下，油压在憋压曲线上主要存在 3 个特点：①油压憋压值相比正常工况下憋压值上升缓慢；②油压憋压峰值小于正常工况下憋压峰值；③不停泵憋压，当油压达到最大值后会缓慢下降，后期井口油压憋压峰值维持在较低水平线上，如图 4-2 所示。

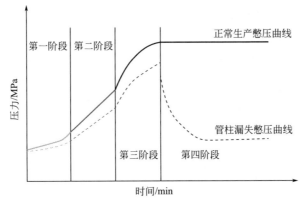

图 4-2　管柱漏失情况下电潜泵井憋压特征曲线图

4.3.3　憋压现场操作注意事项

为保障安全，憋压时压力不可过高，同时憋压时间也不宜太长。当压力上升已呈对数曲线变化后，整个规律实际上已形成，即可停止憋压操作，对于生产管柱不漏失的油井来说，届时泵接近于最高扬程零排量点工作，叶轮所受到的轴向推力非常大。在这种情况下，电潜泵长时间运行会导致止推轴承严重磨损，影响电潜泵的运行寿命。另外进入同步恢复点后，流经电机表面的井液接近于零，电机失去散热条件，电机的温度升高，损坏电机绝缘，导致电机烧毁。在工况正常的情况下，即使含气量较大的油井，在 5min 之内也会进入同步恢复阶段而完成憋压操作，因此憋压操作不要超过 5min。

4.4　电流卡片分析技术

电潜泵运行电流卡片是油井管理人员管理电潜泵井、分析井下机组工作状况的主要依据，是目前现场中使用最普遍的故障诊断手段。电流卡片所记录的电流变化与潜油电机工作电流的变化成直线关系，因此电流卡片可以直接反映电潜泵运行是否正常。当电潜泵出现不同故障时，电流卡片则呈现不同的变化曲线。通过现场电流卡片的分析，可以对机组供液不足、气体影响、油井出砂、结垢等故障进行定性判断。

　　通过对电流卡片的正确使用和分析可以判断出电潜泵井运行过程中的许多变化，以便采取修正或解决措施。电潜泵正常运转时的电流卡片是一条平缓的对称曲线，如图 4-3 所示，与正常运行的电流卡片的任何偏差都说明系统可能存在问题或井况有变化。下面列举一些典型电流卡片分析方法，实际的电流卡片可能在某些曲线部分与这些电流卡片稍有不同，但根据经验并以这些示范图作为指南，能够对实际电流卡片进行高精度的分析。

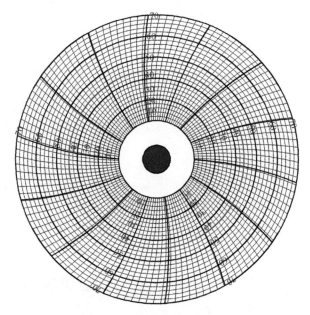

图 4-3　正常运行的电流卡片

4.4.1　电流卡片工况分析方法

　　（1）电源电压波动

　　图 4-4 为电源电压波动的电流卡片。在电潜泵运行过程中，电流值的变化与电压成反比，如果电源的电压产生波动，运行电流值也会随之波动，以

保持恒定的负载。

电源电压波动的原因通常是供电系统不稳定或供电系统存在周期性的大负载，例如，启动一台大功率的注水泵或同时启动其他电力负载所引起的大负载。因此，这种电源的消耗应当定时，使其不致同步进行，并将其影响减到最小。

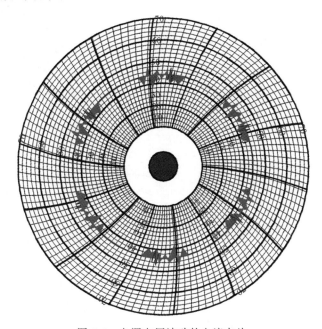

图 4-4　电源电压波动的电流卡片

（2）气锁

图 4-5 为气锁的电流卡片。电潜泵在运行过程中，如果吸入气体过多，将造成气锁欠载停机。

① A 段表示电潜泵启动。此时井内环空中的液面很高，由于所需扬程降低，产量和电流值稍有增加。

② B 段表示液面接近于设计值的正常工作曲线。

③ C 段表示液面降到设计值以下时电流值的降低情况和气体开始在泵的吸入口附近逸出时电流值的波动情况。

④ D 段表示由于液面接近泵的吸入口时气体干扰而引起的电流不稳定情况，最后电潜泵机组气锁无产出而欠载停机。

电潜泵气锁时可采取以下办法进行处理：

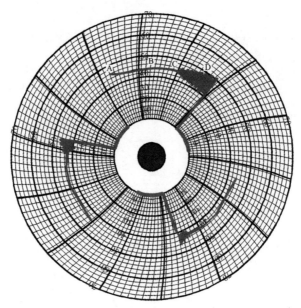

图 4-5   气锁的电流卡片

① 停机进行压力恢复以解除气锁；

② 环空灌液循环以解除气锁；

③ 通过油嘴或频率调节控制产量，建立稳定的液面生产；

④ 不动管柱无法解决，则需进行电潜泵优化作业，通过加装放气阀、加深泵挂、配套使用气体处理装置等措施实现电潜泵井正常生产。

（3）泵抽空

图 4-6 为泵抽空的电流卡片。电潜泵由于抽空而自动停机，重新启动后又再次停机。

① 对 A、B、C 各段的分析与对产生"气锁"时的分析相同，只是由于没有气体影响，运行电流没有产生波动。

② 在 D 段上，液面接近泵吸入口，产量和电流值均下降，达到预定的电流欠载值时自动停机。

③ 停泵期间，压力恢复，液面稍有回升，当泵重新启动后，液面达不到平衡状态，所以又在 C 段的某处开始泵抽空循环。

出现这种现象的原因有两种，即电潜泵的规格不符或油藏产能较低，常见处理措施如下：

① 针对电潜泵的规格不符，可通过油嘴和频率调节控制产量，建立

稳定的液面生产，如无法实现，则需进行电潜泵优化作业。

② 针对油藏产能低，可采用油井增产措施释放产能。

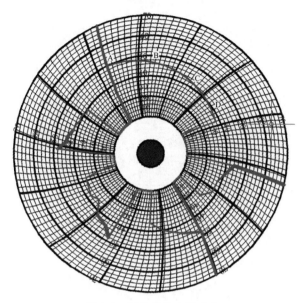

图 4-6 泵抽空的电流卡片

（4）气体影响

图 4-7 为气体影响的电流卡片。原油脱气，流体内含气量较高，较多气体进入泵内造成电流波动，这种情况会降低总的产液量。另外，这种情况也可能是由泵内的液体被气体乳化所引起的，曲线的低值表示乳化液进入泵叶轮的一瞬间，这种乳化液还不至于影响叶轮的正常工作，只是降低了泵效。

针对自由气影响，可应用气体分离器或气体处理器来消除气体影响；针对流体乳化，可用破乳剂解决这一问题。

（5）固体杂质影响

图 4-8 为固体杂质影响的电流卡片。

① 进泵流体中含有砂、垢等碎屑时，运行电流产生较密集波动，碎屑抽出后又恢复正常工作状态。

② 如砂、垢等碎屑较多，则会发生过载停机现象。

如卡泵过载停机，可通过洗井等措施看能否恢复正常生产，否则进行修井作业。

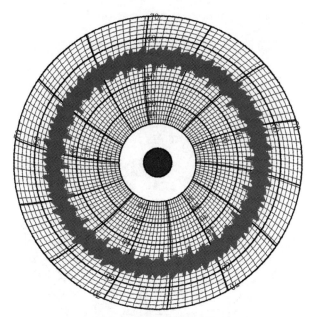

图 4-7 气体影响的电流卡片

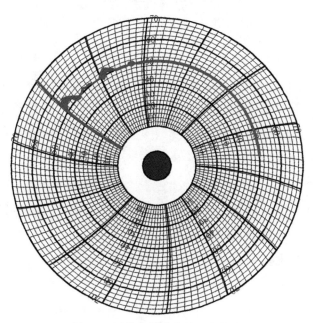

图 4-8 固体杂质影响的电流卡片

（6）欠载停机

图 4-9 为欠载停机的电流卡片。此电流卡片表示当电潜泵启动后，运行了较短时间后因欠电流而停机，再启动后，依然如此。这种情况一般

有以下原因：

①　由于井液密度过低或产能过低，造成机组负载过低，运行电流低于欠载电流值而欠载保护停机。

②　由于流动通道堵塞产量过低，如井下安全阀异常关闭、油管结蜡严重、泵吸入口堵塞等，造成机组负载过低，运行电流低于欠载电流值而欠载保护停机。

③　由延时再启动装置或欠载保护装置损坏所引起。

④　由泵轴断或花键套脱离所引起。

针对以上原因，解决处理措施如下：

①　第一种原因可通过降低欠载电流值或电潜泵优化作业来解决。

②　第二种原因可通过检查井下安全阀、循环洗井等措施来解决，严重时则需进行修井作业。

③　第三种原因需检查地面控制系统并进行处理。

④　第四种原因需起井检查，并更换电潜泵机组。

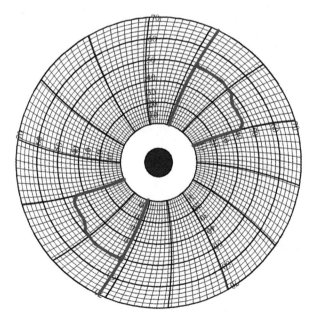

图 4-9　欠载停机的电流卡片

（7）过载停机

图 4-10 为过载停机的电流卡片。

曲线中的 A 段表示电潜泵启动后电流值逐渐升到正常值，B 段表示电潜泵运转正常，C 段表示运行电流逐渐升高，直至最后过载停机。

此类停机的原因一般为：液体密度增加；出砂；结垢；乳化液或黏度增大；机械或电器有问题，如电机过热或设备磨损；电源有问题等。

解决此类问题，首先全面检查排除地面设备问题，然后通过洗井等措施观察能否恢复正常生产，否则进行修井作业。

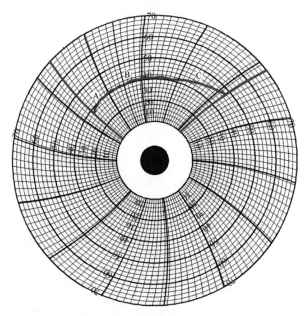

图 4-10　过载停机的电流卡片

（8）不稳定负载状态

图 4-11 为不稳定负载状态的电流卡片。此电流卡片上的曲线表明负载变化不规则，这种情况通常是由液体密度的波动或地面压力的大幅变化而产生的。发生这种情况，不宜手动再启动，更不允许自动启动，应查找出问题并处理后，方可投入正常运行。

4.4.2　电流卡片操作注意事项

① 泵启动前检查无载电压、电位以及电流互感器的电流比是否正确，

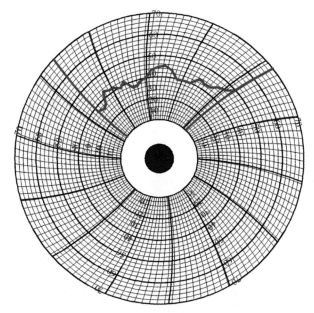

图 4-11 不稳定负载状态的电流卡片

并根据制造厂或用户的技术规程设置过载和欠载等参数。

② 泵启动前将适当比例的电流图记录纸放在记录仪上,确保记录仪运行正常,并设置正确的日期和时间。

③ 泵启动后,立即用钳形电流表检查线路电流,并记录数据,利用该资料来校准电流记录表。

④ 电机电流稳定后,应按照制造厂或用户在技术规程中规定的"正常运转"条件重新调整过载、欠载等参数。通常将过载值调为电机铭牌上电流值的 120%,将欠载值调为电机正常工作电流的 80%。含气井可能需要更低的欠载值设置,但应注意保证在抽空或气锁条件下的欠载保护。

⑤ 为了保证电流卡片正常工作,应每天对其进行检查。在生产测试或故障检修期间,应该使用 24h 电流卡片;在正常工作时,可使用 7d 电流卡片。

⑥ 应及时更换电流记录卡片,每张卡片需标明井号、日期和时间,电流自动记录仪对齐起始日期(起始日期应作标记)、电流记录卡片标示走纸方向,停机应标明原因。

⑦ 电流自动记录仪应每隔七天上紧一次发条、更换色笔,保证电流卡片曲线清晰。

⑧ 投产后前三天和发生故障时的电流记录卡片应全部上交生产作业主管部门存档，正常运行时的电流记录卡片应至少由平台保存半年。

4.5 泵工况诊断方法

4.5.1 泵工况仪工作原理

电潜泵工况仪又称为井下传感器系统，是在作业下入电潜泵时，连接在电潜泵机组下面的一套测试仪器，基本测试参数有六组：泵吸入口温度、电机绕组温度、泵吸入口压力、泵排出口压力、泄漏电流和电机振动，通过电潜泵动力电缆以电信号形式将数据传输到地面记录仪，实现泵工况数据的实时记录和监控。

4.5.2 泵工况诊断分析方法

从电潜泵井常见故障分析结果来看，当电潜泵井出现生产异常或故障停机时，现象和原因之间存在多项映射，需要对潜在的原因进行排除。

如图 4-12 所示，电潜泵井动态分析与故障诊断的第一步是收集资料，包括：产层油藏资料、流体资料、生产管柱资料、机组参数、井史资料、生产资料、电流卡片及工况仪资料等；第二步为利用电流卡片分析、井口憋压分析、软件建模分析、常规资料分析等技术手段分析收集到的资料，梳理出潜在的故障原因。当潜在原因不唯一时，可假设其中某一原因进行推理论证，并对电潜泵井进行一定的操作，收集相关数据进行分析，直至找出故障原因、解决问题。

通过收集到的电潜泵故障井的泵工况参数，利用绘图软件将电潜泵发生故障前后 2 个月时间的泵工况参数绘制成图表，并经过大量的故障案

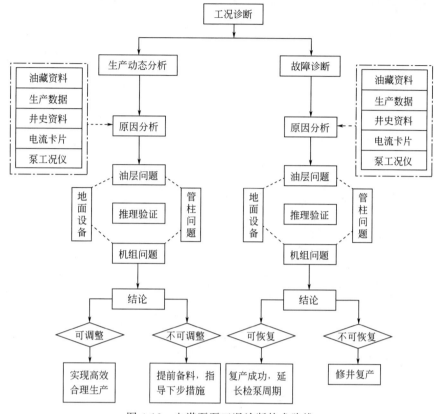

图 4-12　电潜泵泵工况诊断技术路线

例进行归纳总结，结合现场操作，最终形成一套电潜泵井生产及典型故障的泵工况参数变化曲线图表。

（1）正常生产

电潜泵工况仪监测的六组参数值在正常情况下是较平稳的直线，只有电机振动数据稍有波动，但总体上也是水平的，如图 4-13 所示。

（2）生产管柱漏失

如图 4-14 所示，电泵吸入口压力逐渐上升，当升至一定程度时，电机温度和泵吸入口温度也随之上升，可以判断油管存在漏失点，且漏失点在电潜泵机组上部距离机组较近的位置，从而导致流体内循环，不能完全举升至井口。吸入口压力逐渐上升，同时由于流体散热不及时，电机温度和吸入口温度上升。

（3）电潜泵机组在调频过程中出现共振

图 4-15 是电潜泵工况仪所记录的机组在调频过程中的参数曲线，由

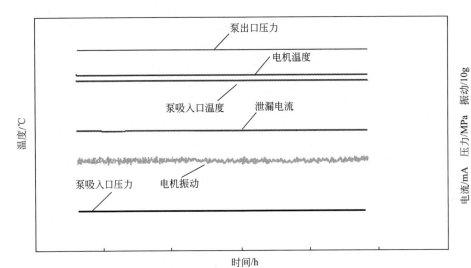

图 4-13　正常生产泵工况参数图

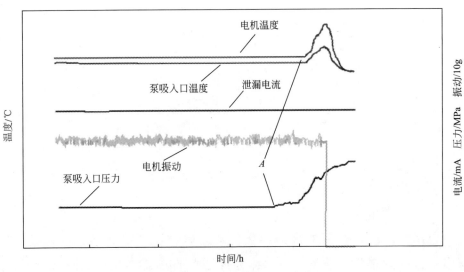

图 4-14　生产管柱漏失泵工况参数图

图可以看出，随着频率的提高，电机做功逐渐增大，电机温度和吸入口温度逐渐上升，同时随着频率的提高，机组的排量和扬程增大，导致泵吸入口压力逐渐降低。电机温度、吸入口温度、吸入口压力和泄漏电流的数据都是正常的，但是电机振动在 AB 频率段突然增大，说明当频率在 AB 之间时，电潜泵机组存在共振区，电机振动的加剧严重影响其运行寿命。通过电潜泵工况仪对这些参数的监测，在实际的生产过程中就可以避免电潜泵机组在共振区运转，延长机组寿命，提高检泵周期。

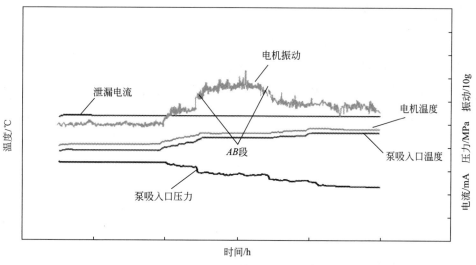

图 4-15　电潜泵机组共振泵工况参数图

（4）电潜泵抽空电机烧毁

对于潜油电机而言，温度和振动是影响其寿命的两个关键因素。图 4-16所记录数据表明，该电潜泵井在生产过程中吸入口压力不断降低，当吸入口压力趋近于零，电机周围流体较少时，由于散热不及时，导致电机温度和泵吸入口温度迅速上升，电机烧毁。电机烧毁后，电机振动数据消失，井口无产出。

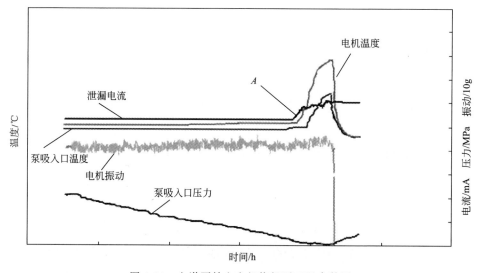

图 4-16　电潜泵抽空电机烧毁泵工况参数图

（5）投产初期节流憋泵

图 4-17 是电潜泵井投产初期节流憋泵的典型工况仪参数曲线图。完井结束或修井结束，油井投产时，由于井口油嘴开度太小，导致节流憋泵，井口产出较少，泵吸入口压力下降缓慢，电机温度迅速上升，泵吸入口温度也随之上升。当出现这种情况时，采取放大油嘴等措施可以明显改善生产情况。

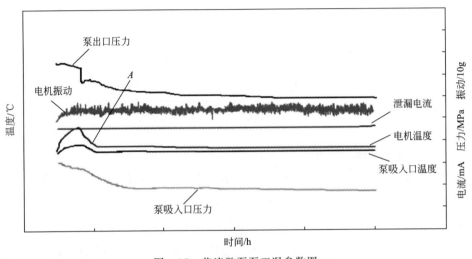

图 4-17　节流憋泵泵工况参数图

（6）泵磨损或泵吸入口堵塞

电潜泵叶轮磨损时，离心泵的扬程系数降低，容积损失增大，导致举升能力变差，会出现泵吸入口压力逐渐上升，排出口压力逐渐下降的现象。

电潜泵吸入口出现堵塞时，由于流动通道变小，进泵流体流量减少，同样会出现泵吸入口压力逐渐上升，排出口处压力逐渐下降的情况。与电潜泵叶轮磨损产生的变化趋势相同，如图 4-18 所示。

（7）气体影响

电潜泵受气体影响时，泵吸入口压力波动较大且频繁，电机振动加剧，如图 4-19 中的 AB 段所示，随着气体一股一股地进入泵内，泵吸入口压力和电机振动随之发生变化，这种情况下，气体对电潜泵举升能力产生一定影响，但是还能够维持生产。如果油井装有放气阀，这时就需要对放气阀状态进行检查，降低套管压力，或通过控制产量等措施来消

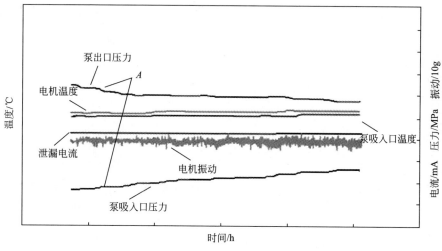

图 4-18　泵磨损或泵吸入口堵塞泵工况参数图

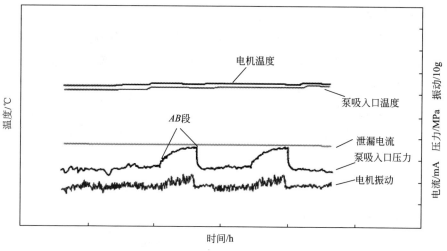

图 4-19　气体影响泵工况参数图

除气体对电潜泵机组的影响。

（8）气锁

图 4-20 表示泵吸入口气体含量较高，电潜泵产生气锁停机的情况。电潜泵气锁，泵吸入口压力逐渐上升，电机温度迅速上升，电潜泵机组欠载关停，如图中 AB 段所示。如果油井装有放气阀，需要对放气阀状态进行检查，确认其打开状态，降低套管压力，或通过控制产量等措施来消除气体影响。如不能解决，则只能间隙生产，并在下次作业时采取相应的气体分离或处理措施，保证油井的长期稳定生产。

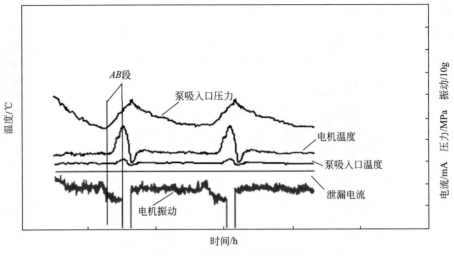

图 4-20 气锁泵工况参数图

（9）泵轴断

如图 4-21 所示，在 A 点泵吸入口压力上升，泵出口压力突降，电机振动加剧，同时电机温度略有上升，则可判断电潜泵部分泵轴断裂，举升能力迅速下降，同时井口产液量也会骤减，要想恢复油井正常生产，必须进行换泵修井作业。

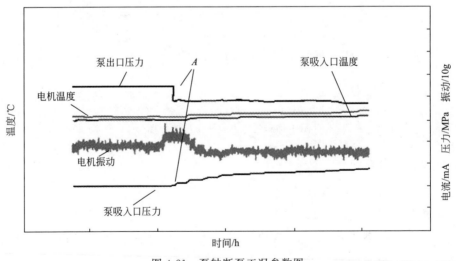

图 4-21 泵轴断泵工况参数图

（10）机组故障型电机振动加剧

电潜泵机组由于气蚀、止推轴承磨损等故障，会出现电机振动持续加剧的现象，如图 4-22 中的 A 点所示。在这种情况下，就必须做好检泵修井的准备，躺井后及时修井，恢复油井产能。

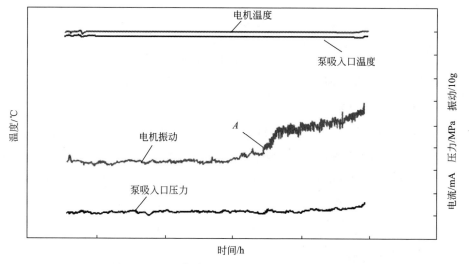

图 4-22　机组故障型电机振动加剧泵工况参数图

（11）绝缘故障型泄漏电流增加

电潜泵机组电机及电缆绝缘降低，会导致泄漏电流逐渐变大，如图 4-23 中的 A 点所示。在这种情况下，尽量避免油井的启停，减少对电机及电缆的冲击，延长电潜泵机组的运行时间。

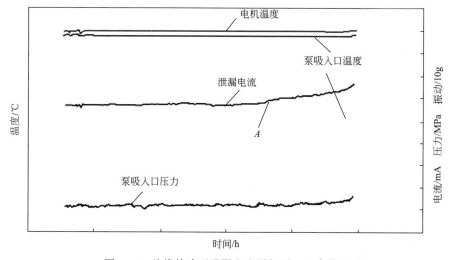

图 4-23　绝缘故障型泄漏电流增加泵工况参数图

4.5.3 泵工况操作注意事项

① 由于泵工况的地面设备与控制柜内的高压电缆相连接，因此在对地面设备进行检修之前一定要停泵并且断开控制柜的电源。

② 为了安全，泵工况在运行的时候不要打开地面扼流器。

③ 在对井下电缆进行绝缘测试之前要将接到控制柜内的三条红色高压线与井下电缆的连接断开，否则会导致地面设备的损坏。在测绝缘时，推荐用1000vdc来进行测量，将－VE接到电缆，＋VE接地，如果测到井下电缆绝缘为0，需倒换笔重新测试，才能确定井下绝缘是否存在问题。

④ 需使用带有自动放电功能的绝缘表，不要打火花放电，避免井下泵工况内二极管的损坏。

4.6 软件建模分析方法

当油井出现生产异常时，依据产层油藏资料、流体资料、生产管柱资料、电潜泵机组参数，利用软件建立精确的电潜泵井模型，可辅助进行电潜泵的动态分析。常用的有以下几个模块。

（1）高程-流压剖面

利用高程-流压剖面图（图 4-24）可进行产层 PI 值拟合，电泵扬程系数估算。

（2）高程-流温剖面

利用高程-流温剖面图（图 4-25）可进行生产管柱流温的精确计算，为出蜡油井的除蜡提供指导。

（3）高程-自由气含量剖面

利用高程-自由气含量剖面图（图 4-26）可进行高含气井的故障诊断，精确指导高含气油井合理生产制度的制定。

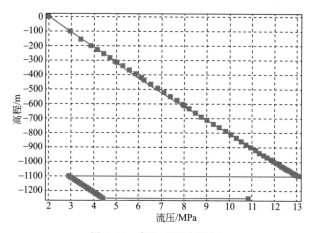

图 4-24　高程-流压剖面图

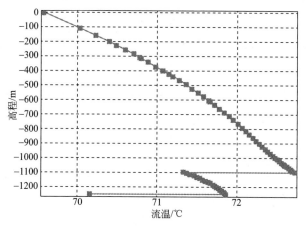

图 4-25　高程-流温剖面图

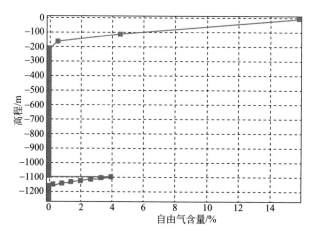

图 4-26　高程-自由气含量剖面图

第5章
电潜泵井预警技术

随着新油气田的投产，湛江分公司开发井的数量逐渐增多，为了加强电潜泵井的管理，湛江分公司提出依托井下作业数据库，建立一个机采井管理信息系统。同时随着油田的开发，油井的井况越来越复杂，以往通过生产管理人员跟踪生产动态捕获开发井生产异常的方法工作量大、时效性差，为了快速捕获生产异常、缩短故障处理时间，提高生产时率、保障基础产量，湛江分公司研究建立了一套智能系统辅助实现快速高效预警。

电潜泵井预警技术在对开发井井史资料进行集成管理的基础上，主要应用统计分析技术对油气井生产过程进行实时监控，科学地区分出生产过程中生产参数的随机波动与异常波动，从而对生产过程的异常趋势提出预警；同时基于不同油气田的生产实践，应用决策树、评价矩阵等技术识别可能存在的故障，反映电泵井生产的风险；最后基于系统积累的运行实例对模型进行修正以达到最佳预警效果。该技术辅助生产管理人员发现和分析生产异常，以便及时采取应对措施，从而达到提高油气井生产时率、降低维护成本的目的。

5.1　基于 SPC 的单参数预警

5.1.1　统计过程控制

目前针对海上油气田开发井生产参数的预警，往往是基于参数的上下限阈值进行的。当开发井的参数超出了某一范围，预警机制即被触发。但是，这类方法也存在明显的不足：首先，实践中上下限阈值的设置往往没有单独针对每一口开发井来进行，而实际上基于地质油藏条件、生产方式、所处生产阶段等因素的不同，不同开发井定位异常的上下限阈值也是各不相同的，因此统一的上下限阈值设置较为容易出现误报或者漏报的现象；其次，即便针对每一口井的每一个生产阶段设置了合适的阈值，由于这类方法本身的缺陷，仍然无法识别出很多参数异常，例如参数在上下限范围内的大幅度波动，往往意味着生产的异常甚至是存在潜在的故障，但是由于参数本身没有超出阈值范围，是不会有预警发生的。

基于上述理由，需要引入数理统计方法，以更好地识别生产参数的异常状态。而统计过程控制（statistical process control，SPC）就是一种借助数理统计方法的过程控制工具。它对生产过程进行分析评价，根据反馈信息及时发现系统性因素出现的征兆，并采取措施消除其影响，使过程维持在仅受随机性因素影响的受控状态，以达到控制质量的目的。当过程仅受随机因素影响时，过程处于统计控制状态（简称受控状态）；当过程中存在系统因素的影响时，过程处于统计失控状态（简称失控状态）。由于过程波动具有统计规律性，当过程受控时，过程特性一般服从稳定的随机分布；而失控时，过程分布将发生改变。SPC 正是利用过程波动的统计规律性对过程进行分析控制的。因而，它强调过程在受控和有能力的状态下运行。

应用 SPC 对海上油气井的生产参数进行分析，可以提前发现单一生产参数的失控状态，并根据实际情况决定是否给出预警。

5.1.2　SPC 控制图

控制图是一种图形方法，它给出表征过程当前状态的样本序列的信息，并将这些信息与考虑了过程固有变异后所建立的控制限进行对比。

控制图是对过程质量加以测定、记录，从而进行控制管理的一种用科学方法设计的图。图上有中心线（CL）、上控制界限（UCL）和下控制界限（LCL），并有按时间顺序抽取的样本统计量数值的描点序列，如图 5-1、图 5-2 所示。

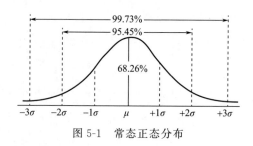

图 5-1　常态正态分布

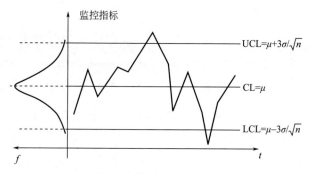

图 5-2　控制界限的构成

在正常的生产过程中，过程指标 $X_t(t=1, 2, \cdots, n)$ 服从一独立、相同的正态分布 $N(\mu, \sigma^2)$。其中：

$$\hat{\mu} = \overline{X} = \frac{1}{n} \sum_{i=1}^{n} X_i \tag{5-1}$$

$$\hat{\sigma} = \sqrt{\frac{\sum_{i=1}^{n}(X_i - \overline{X})^2}{n-1}} \tag{5-2}$$

基于控制图的稳定性检测通过一系列判异规则进行，在控制阶段，$\hat{\mu}$、$\hat{\sigma}$ 等参数都已经确定，将对新的观测数据进行控制。

GB/T 4091—2001《常规控制图》中给出了常用的准则，准则有两类：

Ⅰ点出界（包括压界）就判异。这时，显著水平 $\alpha = 0.0027$。

Ⅱ界内点排列分布有规律（也称排列不随机）就判异。

具体的判异准则如下（图 5-3、图 5-4）。

① 准则 1：一个点落在 A 区以外（1 界外）　如果在此之前 35 个点（或之前观测点不足 35 个点）之内没有界外异常，则视为"征兆观察"。继续观察 35 个点，如果没有界外异常，则取消观察。如果在之前或之后的区间内累计发生 2 次界外异常，则视为"隐患预警"；如果在之前或之后的区间内累计发生 4 次界外异常，则视为"问题报警"。

② 准则 2：连续 9 点落在中心线 CL 同一侧（9 单侧）　在控制图中心线一侧连续出现的点称为链，当链长为 9 个点时则视为"问题报警"。

③ 准则 3：连续 6 点递增或递减（6 连串）　连续 6 点逐点上升或下降则视为"问题报警"。

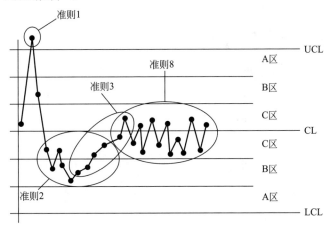

图 5-3　判异准则Ⅰ

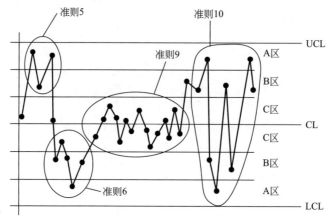

图 5-4　判异准则 Ⅱ

④ 准则 4：点出现在中心线的单侧较多时　连续 20 点中至少有 16 点在 CL 单侧时则视为"问题报警"。

⑤ 准则 5：连续 3 点中有 2 点落在中心线 CL 同一侧的 B 区以外（2/3A）。连续 2 点中有 2 点或连续 3 点有 2 点落在中心线 CL 同一侧的 B 区以外则视为"问题报警"。

⑥ 准则 6：连续 5 点中有 4 点落在中心线 CL 同一侧的 C 区以外（4/5B or A）。连续 5 点中有 4 点落在中心线 CL 同一侧的 C 区以外则视为"问题报警"。

⑦ 准则 7：点出现在控制图一侧界限的近旁时，一般以超出 2σ 控制界限的点为调整基准。出现下列情形时，可判定过程发生异常：连续 10 点中有 4 点以上时则视为"问题报警"。

⑧ 准则 8：连续 14 点中相邻点交替上下则视为"问题报警"。本准则用于发现由于周期性改变过程运行条件而引起的系统效应问题。

⑨ 准则 9：连续 15 点在 C 区中心线上下（15C）则视为"问题报警"。

⑩ 准则 10：连续 8 点落在中心线 CL 两侧且无一在 C 区内（8 缺 C）则视为"问题报警"。

假设以上各准则片段中的观察点皆为时间序列，则以上判别的连续点数，实际是一个时间窗的概念，由于监控是按照时间序列进行的，因此，所判别的时间窗都应是靠近观察点右对齐的，而且随着观察点的右移而右移。如果观察点左侧的点数少于判别的时间窗，则时间窗存在等待观察点右移的情况。因此，每一个观察点的判别结果都是其左侧时间窗的判别结果。

5.1.3　应用 SPC 分析油气井生产参数

中海石油（中国）有限公司在 2006 年建设了开发生产数据库，对油气井各项生产参数进行了采集和存储，这些动态数据为 SPC 分析提供了数据基础。根据业务需求和数据采集现状，选取分析的参数信息有：回压、油压、套压、折算日产液量、含水率、井口气油比、泵电流、泵入口压力、泵出口压力、泵马达温度、泵入口温度、泵振动（加速度）、泵漏电电流、估算产液指数 14 项。

SPC 方法也适用于不同数据采样频率，例如针对实时数据的分析。在此仅对日度数据进行论述，但是其原理是相同的。

在应用 SPC 方法进行问题诊断之前，首先要排除其他相关客观因素引发的数据异常。因此需要为待分析的生产参数设定如下前提：

① 这些生产参数处于同一生产管理周期。

② 同工同层，即油气井在相同的工作制度（对于油井，指油嘴开度、泵型、频率等相同；对于气井，指油嘴开度、管汇压力等相同）、相同的生产层位下生产。

③ 油气井未处在间歇性生产阶段。

只有符合上述条件，才能够基于 SPC 方法建立针对单一参数的监控模型进行诊断，如不符合上述条件，则取消本次预警监控，结束本次诊断。

单一参数在通过单参数问题诊断后，可以判断状态是否异常，如状态为异常则记录诊断的结果，如状态为不异常则不记录诊断结果并结束本次诊断。

单一参数问题诊断的步骤如下：

① 第一步，单参数通过加工转换成监控因子　监控因子是由参数经过一次或者多次加工而来的，是一个间接计算的数据。表 5-1 以油压参数

为例。

表 5-1   油压监控因子设定

参数	数据来源	分析尺度	监控因子个数
油压	实时数据	即时	1 个监控因子
		实时阶段时间（跨度上限为 x 小时）	n 个监控因子，$n \leqslant (x/$取样间隔$)$
	日度数据	1 天	1 个监控因子
		阶段时间（跨度上限为 y 天或 n 个数据）	当跨度上限为 y 天：n 个监控因子，$n \leqslant y$；当跨度上限为 n 个数据：1 个监控因子

如上表所述，参数的数据来源为两种可能：一种是实时数据，一种是日度数据。其中实时数据以即时为分析尺度的，对应的监控因子个数为 1 个；实时数据以实时阶段时间（跨度上限为 x 小时）为分析尺度的，对应的监控因子为 n 个监控因子，$n \leqslant (x/$取样间隔$)$。日度数据以 1 天为分析尺度的，对应的监控因子个数为 1 个；日度数据以阶段时间（跨度上限为 y 天或 n 个数据）为尺度的，跨度上限为 y 天的对应 n 个监控因子（$n \leqslant y$），跨度上限为 n 个数据的对应 1 个监控因子。

在实际运用过程中，根据数据来源和分析需要选择适合的分析尺度，加工处理形成监控因子。

② 第二步，将监控因子导入单参数状态监控模型进行监控。

③ 第三步，监控模型对监控因子按照既定的阈值和规则进行判异，形成单参数状态结果输出。

5.1.4   对 SPC 约定状态准则优化

结合海上油气田开发井生产的实际工作经验，为了更好地判别参数异常，在预警系统建设过程中，对 SPC 理论准则进行了细化及修订，具体结果如下（以下除准则 9 是对正常状态判别外，其他皆为对异常状态的判别）：

假设监控因子为 $y(t)$，监控时间步长为 k，中心线为 CL，上控制界限为 UCL，下控制界限为 LCL，μ 为 CL，σ 为标准差。

① 判别准则 1：一个点落在 UCL 外，则其预警为上升。一个点落在

UCL 外的判异准则如图 5-5 所示。

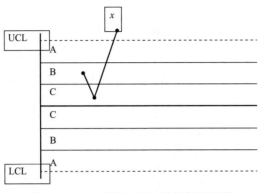

图 5-5　一个点落在 UCL 外的判异准则

算法描述：（y(t)＞UCL）

② 判别准则 2：一个点落在 LCL 外，则其预警为下降。

算法描述：（y(t)＜LCL）

③ 判别准则 3：连续 6 点递增（6 连串），且最后点在 A 区，则其预警为上升。

连续 6 点递增的判异准则如图 5-6 所示。

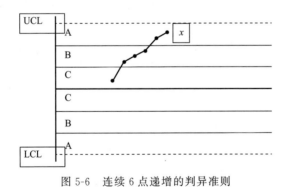

图 5-6　连续 6 点递增的判异准则

算法描述：（UCL＞y(t)＞CL＋2σ）and（

for i＝0 to 6 do

if（y(t-i)-y(t-i-1)）＞0）then ture

else false）

④ 判别准则 4：连续 7 点递减（7 连串），且最后点在 A 区，则其预警为下降。

算法描述：（LCL＜y(t)＜CL＋2σ）and（

for i＝0 to 6 do

if（y(t-i)-y(t-i-1)）＜0）then ture

else false）

⑤ 判别准则 5：连续 3 点递增或最后两点平稳且两点落在中心线 CL 同一侧的 A 区以内，则其预警为上升。同侧 3 点递增且 A 区有两点的判异准则如图 5-7 所示。

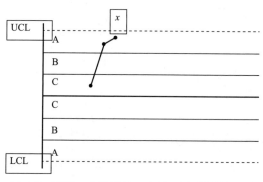

图 5-7　同侧 3 点递增且 A 区有两点的判异准则

算法描述：（UCL＞y(t)，y(t−1)＞CL＋2σ）and（y(t)−y(t−1)＞＝0）and（y(t−1)−y(t−2)＞0）

⑥ 判别准则 6：连续 3 点递减且两点落在中心线 CL 同一侧的 A 区以内，则其预警为下降。

算法描述：（LCL＜y(t)，y(t−1)＜CL＋2σ）and（y(t)−y(t−1)＜＝0）and（y(t−1)−y(t−2)＜0）

⑦ 判别准则 7：连续 3 点递增或最后两点平稳且两点落在中心线 CL 同一侧的 A 区以内，且最后一个点和第一个点至少跨越 2σ，则其预警为上升。3 点跨 CL 递增，且 A 区有 2 点的判异准则如图 5-8 所示。

算法描述：（UCL＞y(t)，y(t−1)＞CL＋2σ）and（y(t)−y(t−1)＞＝0）and（y(t−1)−y(t−2)＞0）and y(t)−y(t−2)＞2σ

⑧ 判别准则 8：连续 3 点递减或最后两点平稳且两点落在中心线 CL 同一侧的 A 区以内，且最后一个点和第一个点至少跨越 2σ，则其预警为下降。

算法描述：（LCL＜y(t)，y(t−1)＜CL＋2σ）and（y(t)−y(t−1)＜＝

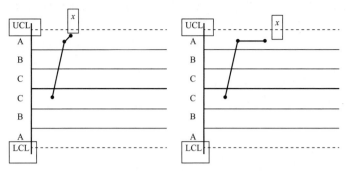

图 5-8 3 点跨 CL 递增，且 A 区有 2 点的判异准则

0）and（y(t−1)−y(t−2)＜0）and y(t)−y(t−2)＞2σ）

⑨ 判别准则 9：平稳运行　自相关系数在 $S=3$ 以后基本落在 2 倍标准差之内接近零，则判定 $y(t)$ 是平稳性的。

算法描述：均值 $E(y_t)=\mu$，　$t=1,2\cdots$

自相关系数 $ACF=r(t,s)/(\sigma_t\sigma_s)$

其中 $r(s,t)$ 为自协方差 $r(t,s)=E((y_t-E(y_t))(y_s-E(y_s)))$

当 $S＞3$ 时 $ACF＜2\sigma$，则 $y(t)$ 是平稳的。

⑩ 判别准则 10：无规律小幅波动　基于判别准则 9，如果序列是非平稳的，接下来要判断其是否有周期性。

首先，把原序列 $\{y_t\}$ 变换成 $\{\widetilde{y_t}\}$

$$\widetilde{y_t}=y_t-\hat{\mu}$$

经过此变换，$\{y_t\}$ 与 $\{\widetilde{y_t}\}$ 有相同的周期性与振幅。只需研究 $\{\widetilde{y_t}\}$ 周期性即可。

其次，取出 $\{\widetilde{y_t}\}$ 的极值点形成新的序列 $\{Y_i\}$，如果，$\widetilde{y_t}＞\widetilde{y}_{t-1}$ 且 $\widetilde{y_t}＞\widetilde{y}_{t+1}$（极大值），或 $\widetilde{y_t}＜\widetilde{y}_{t-1}$ 且 $\widetilde{y_t}＜\widetilde{y}_{t+1}$（极小值）则取出 $\widetilde{y_t}$ 为 Y_i。

下面来判断 $\{\widetilde{y_t}\}$ 的周期性，从而判断 $\{y_t\}$ 的周期性。

$\forall t$，$\widetilde{y_t}\widetilde{y}_{t+1}＜0$，则相邻极值点符号不相同，则判断其有周期性，则 $\{\widetilde{y_t}\}$ 与 $\{y_t\}$ 具有周期性；否则为无规律波动。

基于以上规则判断，$y(t)$ 为无规律波动后，假设 $\{Y_i\}$ 的容量为 K，如果 $0＜m=\dfrac{\sum_i^K |Y_i|}{K}＜2\hat{\sigma}$，则序列 $\{y_t\}$ 为无规律小幅波动。

⑪ 判别准则 11：无规律大幅波动 基于判别准则 10 判断 $y(t)$ 为无规律波动后，假设 $\{Y_i\}$ 的容量为 K，如果 $2\hat{\sigma} < m = \dfrac{\sum_i^K |Y_i|}{K} < 3\hat{\sigma}$，则序列 $\{y_t\}$ 为无规律大幅波动。

⑫ 判别准则 12：周期性小幅波动 基于判别准则 10 判断 $y(t)$ 为周期波动后，判断 $\{y_t\}$ 的振幅，假设 $\{Y_i\}$ 的容量为 K，如果 $0 < m = \dfrac{\sum_i^K |Y_i|}{K} < 2\hat{\sigma}$，则序列 $\{y_t\}$ 为周期性小幅波动。

⑬ 判别准则 13：周期性大幅波动 基于判别准则 10 判断 $y(t)$ 为周期波动后，判断 $\{y_t\}$ 的振幅，假设 $\{Y_i\}$ 的容量为 K，如果 $2\hat{\sigma} < m = \dfrac{\sum_i^K |Y_i|}{K} < 3\hat{\sigma}$，则序列 $\{y_t\}$ 为周期性大幅波动。

5.1.5 对单一生产参数的预警模型设置

对于实际的生产参数而言，为了对其进行预警，必须针对具体参数确定其分析尺度和阈值。以油压这一参数作为例子：油压参数的数据来源为两种，一种是实时数据，一种是日度数据。其中实时数据的分析尺度为：即时、实时阶段时间（跨度上限为 12h），日度数据的分析尺度为：1d、阶段时间（跨度上限为 10d），如表 5-2。

表 5-2 加工方法设置

参数	数据来源	分析尺度	监控因子
油压	实时数据	即时	实时油压单值
		实时阶段时间（跨度上限为 12h）	阶段实时油压均值
	日度数据	1d	日度油压单值
		阶段时间（跨度上限为 10d）	阶段日度油压均值（默认值为 3d）

实时数据以即时为分析尺度的，监控因子为实时油压单值；实时数据以实时阶段时间（跨度上限为 12h）为分析尺度的，监控因子为阶段实时油压均值。日度数据以 1d 为分析尺度的，监控因子为日度油压单值；日度数据以阶段时间（跨度上限为 10d）为分析尺度的，监控因子为阶段

日度油压均值（默认值为 3d）。

针对该参数阈值的设置方法为：

方法一：UCL＝CL×120％；LCL＝CL×80％

方法二：UCL＝xMPa；LCL＝yMPa

（x、y 为定值，它们根据实际情况由现场管理人员设定）

针对该参数选取的判断准则为：

判别准则 1、判别准则 3、判别准则 5、判别准则 7、判别准则 2、判别准则 4、判别准则 6、判别准则 8、判别准则 10、判别准则 11、判别准则 12、判别准则 13。

当符合上述准则 1、3、5、7 则预警为上升；符合上述准则 2、4、6、8 则预警为下降；符合 10 则预警为无规律小幅波动；符合 11 则预警为无规律大幅波动；符合 12 则预警为周期性小幅波动；符合 13 则预警为周期性大幅波动（表 5-3）。

表 5-3　单参数监控模型设置

参数	阈值设置	准则设置	预警内容
油压 （设置方法）	方法一：UCL＝CL×120％；LCL＝CL×80％ 方法二：UCL＝xMPa；LCL＝yMPa （x、y 为定值，它们根据实际情况由现场管理人员设定）	判别准则 1 判别准则 3 判别准则 5 判别准则 7	上升
		判别准则 2 判别准则 4 判别准则 6 判别准则 8	下降
		判别准则 10	无规律小幅波动
		判别准则 11	无规律大幅波动
		判别准则 12	周期性小幅波动
		判别准则 13	周期性大幅波动
油压 （某井实际设置）	UCL＝CL×108％；LCL＝CL×92％	判别准则 1 判别准则 7	上升
		判别准则 2 判别准则 8	下降
		判别准则 10	无规律小幅波动
		判别准则 11	无规律大幅波动
		判别准则 12	周期性小幅波动
		判别准则 13	周期性大幅波动

通过对单一生产参数的预警模型进行设置，可以对该参数进行分析，判别在观察时间窗内该参数所处的状态，并决定是否进行预警。

5.2 基于决策树的组合参数预警

5.2.1 通过决策树提取分类规则

决策树（decision tree）是一种典型的归纳分类方法，它是一个类似于流程图的树结构，每一个分枝代表一个测试输出，而每一个树叶节点代表类或累分布，一棵典型的决策树如图 5-9 所示。

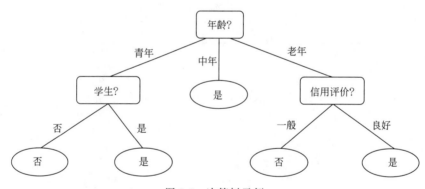

图 5-9　决策树示例

决策树经过归纳与剪枝处理，可以提取其表示的知识，并转换成以if-then 形式表达的分类规则。根据业务专家实际工作经验，当某一组参数状态发生异常时，则有对应的某类故障发生，可以称这组参数为该故障的敏感参数。通过这些敏感参数可以生成判定各类不同故障的决策树。由于认为这些故障构成参数的状态是既定的，可以不对每个判别规则的准确率进行估计，直接提取出每一故障发生时，其敏感参数所处状态，总结形成基于组合参数的分类规则，如表 5-4 所示。

表 5-4　由决策树生产组合参数的分类规则

故障名称	参数状态构成			
	参数 1	参数 2	参数…	参数 n
故障 1	状态 a	状态 b	状态 c	状态 d
故障 2	……	……	……	……
故障 3	……	……	……	……
故障…	……	……	……	……
故障 n	……	……	……	……

在表 5-4 中，参数状态是基于 SPC 方法进行单一参数状态判断的结果，利用单一参数组合的变化规律，针对每个故障进行组合参数状态的匹配，当所有的参数状态匹配符合时，就认为故障预警成立。

5.2.2　组合参数故障诊断模型

利用单参数预警模型记录的单一参数组合的状态变化，可以针对每个故障进行组合参数状态的匹配，当所有的参数状态匹配符合决策树时就进行预警，如为故障时记录故障诊断结果，如不是故障时则结束本次诊断。

（1）故障诊断模型 1（油压、泵吸入口压力、电流）

文昌 13-1 油田、文昌 13-2 油田、涠洲 11-4N 油田组合参数故障诊断模型 1 如表 5-5 所示，涠洲 12-1 油田组合参数故障诊断模型 1 如表 5-6 所示。

表 5-5　文昌 13-1 油田、文昌 13-2 油田、涠洲 11-4N 油田组合参数故障诊断模型 1

故障名称	参数构成		
	油压	泵吸入口压力	电流
地面阀关闭或油嘴堵塞	上升	上升	下降
井下安全阀关闭	下降	上升	下降
开井后井下安全阀未打开	油压约等于回压(或管汇压力)	约等于开井时的泵入口压力	空载电流
管柱漏失	下降	上升	上升
	下降	上升	平稳
	下降	上升	下降

续表

故障名称	参数构成		
	油压	泵吸入口压力	电流
产液量下降	下降	上升	下降
	下降	上升	平稳
绝缘故障	下降	上升	无规律小幅波动
	平稳	平稳	无规律小幅波动
	平稳	平稳	无规律大幅波动
	下降	上升	无规律大幅波动
	平稳	平稳	上升或过载
泵吸入口堵塞	下降	上升	下降或欠载
	平稳	上升	下降或欠载
供液不足	下降	下降	下降或欠载

表 5-6   涠洲 12-1 油田组合参数故障诊断模型 1

故障名称	参数构成		
	油压	泵吸入口压力	电流
地面阀关闭或油嘴堵塞	上升	上升	下降
井下安全阀关闭	约等于回压(或管汇压力)	上升	下降
开井后井下安全阀未打开	约等于回压(或管汇压力)	约等于开井时的泵入口压力	空载
管柱漏失	下降或平稳	上升	下降或平稳
	小幅波动	上升	下降或平稳
	大幅波动	上升	下降或平稳
产液量下降	下降或平稳	上升	下降或平稳
	无规律小幅波动	上升	下降或平稳
	无规律大幅波动	上升	下降或平稳
绝缘故障	下降或平稳	上升或平稳	无规律大幅波动
	无规律小幅波动	上升或平稳	无规律大幅波动
	无规律大幅波动	上升或平稳	无规律大幅波动
供液不足	下降	下降	平稳或下降或欠载或小幅波动
	周期性大幅波动	下降	平稳或下降或欠载或小幅波动
	无规律大幅波动	下降	平稳或下降或欠载或小幅波动

续表

故障名称	参数构成		
	油压	泵吸入口压力	电流
气体影响	无规律小幅波动	无规律小幅波动	无规律大幅波动
	无规律小幅波动	无规律大幅波动	无规律大幅波动
	无规律大幅波动	无规律小幅波动	无规律大幅波动
	无规律大幅波动	无规律大幅波动	无规律大幅波动
气锁	下降或约等于回压或管汇压力	上升	下降或空载或欠载

（2）故障诊断模型 2（电压、绝缘电阻）

湛江分公司所有油田组合参数故障诊断模型 2 如表 5-7 所示。

表 5-7　湛江分公司所有油田组合参数故障诊断模型 2

故障名称	参数构成		
	电压		绝缘电阻
一相电缆接地	1 相下降	2 相上升	1 相降低

（3）故障诊断模型 3（油压、泵吸入口压力、电流、井口温度、套压、泵马达温度、泵振动）

文昌 13-1 油田、文昌 13-2 油田、涠洲 11-4N 油田组合参数故障诊断模型 3 如表 5-8 所示，涠洲 12-1 油田组合参数故障诊断模型 3 如表 5-9 所示。

表 5-8　文昌 13-1 油田、文昌 13-2 油田、涠洲 11-4N 油田组合参数故障诊断模型 3

故障名称	参数构成					
	油压	泵吸入口压力	电流	井口温度	泵马达温度	套压
地面阀关闭或油嘴堵塞	上升	上升	下降	下降	上升	平稳
井下安全阀关闭	下降	上升	下降	下降	上升	平稳
开井后井下安全阀未打开	油压约等于回压（或管汇压力）	约等于开井时的泵入口压力	空载电流	约等于开井时的井口温度	约等于开井时泵马达温度	平稳
管柱漏失	下降	上升	上升	下降	上升	平稳或上升
	下降	上升	平稳	下降	上升	平稳或上升
	下降	上升	下降	下降	上升	平稳或上升
产液量下降	下降	上升	下降	下降	下降	平稳或上升或下降
	下降	上升	平稳	下降	下降	平稳或上升或下降

续表

故障名称	参数构成					
	油压	泵吸入口压力	电流	井口温度	泵马达温度	套压
泵吸入口堵塞	下降	上升	下降或欠载	下降	上升或下降	平稳或上升或下降
	平稳	上升	下降或欠载	下降	上升或下降	平稳或上升或下降
供液不足	下降	下降	下降或欠载	下降	上升或下降	平稳或上升或下降

表 5-9　涠洲 12-1 油田组合参数故障诊断模型 3

故障名称	参数构成						
	油压	泵吸入口压力	电流	井口温度	泵马达温度	套压	泵振动
地面阀关闭或油嘴堵塞	上升	上升	下降	下降	上升	平稳	平稳
井下安全阀关闭	下降	上升	下降	下降	上升	平稳	平稳
开井后井下安全阀未打开	油压约等于回压（或管汇压力）	约等于开井时的泵入口压力	空载	约等于开井时的井口温度	约等于开井时泵马达温度	平稳	平稳
管柱漏失	下降	上升	上升	下降	上升	平稳或上升	平稳
	下降	上升	平稳	下降	上升	平稳或上升	平稳
	下降	上升	下降	下降	上升	平稳或上升	平稳
产液量下降	下降	上升	下降	下降	下降	平稳或上升或下降	平稳
	下降	上升	平稳	下降	下降	平稳或上升或下降	平稳
泵吸入口堵塞	下降	上升	下降或欠载	下降	上升或下降	平稳或上升或下降	平稳
	平稳	上升	下降或欠载	下降	上升或下降	平稳或上升或下降	平稳
供液不足	下降	下降	下降或欠载	下降	上升或下降	平稳或上升或下降	平稳
气体影响	无规律小幅波动	无规律小幅波动	无规律小幅波动	井口温度	泵马达温度	套压	泵振动
	下降	无规律小幅波动	无规律小幅波动	下降	平稳或上升或下降	平稳或上升	上升
	无规律小幅波动	下降	无规律小幅波动	下降	平稳或上升或下降	平稳或上升	上升

故障名称	参数构成						
	油压	泵吸入口压力	电流	井口温度	泵马达温度	套压	泵振动
气体影响	下降	下降	无规律小幅波动	下降	平稳或上升或下降	平稳或上升	上升
	无规律小幅波动	上升	无规律小幅波动	下降	平稳或上升或下降	平稳或上升	上升
	下降	上升	无规律小幅波动	下降	平稳或上升或下降	平稳或上升	上升
	无规律大幅波动	上升	无规律大幅波动	下降	平稳或上升或下降	平稳或上升	上升
	无规律大幅波动	无规律小幅波动	无规律大幅波动	下降	平稳或上升或下降	平稳或上升	上升
	无规律大幅波动	下降	无规律大幅波动	下降	平稳或上升或下降	平稳或上升	上升
	下降	下降	无规律大幅波动	下降	平稳或上升或下降	平稳或上升	上升
	下降	上升	无规律大幅波动	下降	平稳或上升或下降	平稳或上升	上升
	下降	无规律小幅波动	无规律大幅波动	下降	平稳或上升或下降	平稳或上升	上升
气锁	下降或约等于回压或管汇压力	上升	下降或空载电流或欠载	下降	平稳或上升或下降	平稳或上升	平稳

5.3　基于矩阵评价法的机组风险预测

5.3.1　机组故障预测模块总体思路

为分析电潜泵井生产风险相对大小，提出以下机组故障预测模块的总体思路：

　　① 确定影响电泵井生产的因素；

　　② 基于历史数据统计、文献检索和专家打分等手段为各类影响因素制定赋值规则；

　　③ 基于油田历史案例，分析各类影响因素的权重大小；

　　④ 形成评价矩阵，评价电潜泵井风险。

　　研究路线如图 5-10 所示。

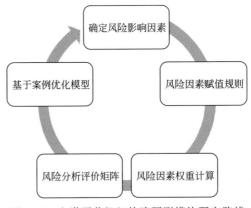

图 5-10   电潜泵井机组故障预测模块研究路线

5.3.2　机组故障预测影响因素

　　经专家指导和项目组人员讨论，确定 23 个因素为影响机组寿命的因素。影响因素分为 4 个部分：油藏因素、泵因素、生产因素及工程因素。具体为：

　　① 油藏因素：有无含砂、有无结蜡、有无腐蚀、有无结垢；

　　② 泵因素：机组厂家、电缆厂家、电泵新旧；

　　③ 生产因素：运转周期、排量效率、电流比、电压比、气液比、启停次数、对地绝缘、电流稳定性、泵入口温度、泵入口压力、排出口压力、电机绕组温度、电机振动、泄漏电流；

　　④ 工程因素：井斜角、狗腿度。

5.3.3　影响因素赋值

（1）运转周期赋值

运转周期赋值思路为：

① 计算平均下井时间，设为 a2；

② 将小于平均下井时间和大于平均下井时间的所有数据分别作为两个数组，计算各数组平均值，设为 a1 及 a3；

③ 下井时间<a1 赋值为 0；

④ a1<下井时间<a2 赋值为 33.33；

⑤ a2<下井时间<a3 赋值为 66.67；

⑥ 下井时间>a3 赋值为 100。

（2）排量效率赋值

排量效率是指油井的实际产液量与额定排量的比值。

先根据油田单井在生产过程中的排量效率情况按照一定的方法从小到大赋予 4 个排量效率值，而后通过相同的方法给油田每口井赋予 4 个排量效率值，最后采用加权平均法从大到小得到油田的 4 个排量效率值，分别为 a1、a2、a3、a4。

基于上述统计，将排量效率赋值方法确定为：

① a2%<Q<a3% 赋值为 0；

② a3%<Q<a4% 赋值为 50，a1%<Q<a2% 赋值为 50；

③ a4%>160% 赋值为 100，a1%<55% 赋值为 100。

（3）电流比赋值

电流比赋值思路为：统计油田各井电泵运行期间较高及较低电流比值及天数；通过加权平均值赋值于最高最低电流比，其中，最高电流比不能超过 1。设最低电流比加权平均值为 b1，最高电流比加权平均值为 b2。

电流比赋值方法为：

① b1<电流比<b2 赋值为 0；

② 电流比<b1 赋值为 50；

③ b2＜电流比＜b1 赋值为 100。

（4）电压比赋值

由于动态数据库的电压数据为井口测试电压，因此，电机供电电压需要根据电缆型号、长度、温度进行修正，修正关系式为：电机供电电压＝井口测试电压－电缆压降。电缆压降可通过查电缆压降图版得到。同理于电流比赋值，可得到最低电压比加权平均值 e1，最高电压比加权平均值 e2。

电压比赋值方法为：

① e2＜V＜1 赋值为 0；

② e1＜V＜e2 赋值为 50，1＜V＜1.05 赋值为 50；

③ V＜e1 赋值为 100，V＞1.05 赋值为 100。

（5）井斜角及狗腿度赋值

井斜角是指泵挂位置处的井斜角。

① 井斜角赋值及比例计算方法：井斜角＞60°赋值为 100，＜60°赋值为 0；

② 狗腿度赋值及比例计算方法：狗腿度＞3°/30m 赋值为 100，狗腿度＜3°/30m 赋值为 0。

（6）气液比赋值

气液比赋值思路为：

① 计算平均气液比，设为 a2；

② 将小于平均气液比和大于平均气液比的所有数据分别作为两个数组，计算各数组平均值，设为 a1 及 a3。

赋值方法为：

① 气液比＜a1 赋值为 0；

② a1＜气液比＜a2 赋值为 33.33；

③ a2＜气液比＜a3 赋值为 66.67；

④ 气液比＞a3 赋值为 100。

（7）启停次数赋值

启停次数赋值思路为：

① 计算平均单次运行时间，设为 a2；

② 将小于平均单次运行时间和大于平均单次运行时间的所有数据分别作为两个数组，计算各数组平均值，设为 a1 及 a3。

设定赋值方法为：

① 平均单次运行时间>a3 赋值为 0；

② a3>平均单次运行时间>a2 赋值为 33.33；

③ a2>平均单次运行时间>a1 赋值为 66.67；

④ 平均单次运行时间<a1 赋值为 100。

（8）机组厂家赋值

机组厂家赋值思路如下：

① 计算平均检泵周期；

② 按照公式"$\sum$（检泵周期-平均检泵周期）×（样本数/样本总数）+平均检泵周期"计算各厂家电泵检泵周期修正值；

③ 将平均检泵周期赋值为 50，各厂家按照公式"（平均检泵周期-$\sum$各厂家单次检泵周期修正值）/平均检泵周期×50"的算法对各厂家赋值。

（9）对地绝缘赋值

电机对地绝缘越低，电泵发生故障的可能性越大，根据现行作业标准（500MΩ），结合现场实际应用情况，设定对地绝缘的具体赋值方法如下：

① 对地绝缘>500MΩ，赋值为 0；

② 对地绝缘在 300～500MΩ，赋值为 10；

③ 对地绝缘在 150～300MΩ，赋值为 20；

④ 对地绝缘在 50～150MΩ，赋值为 40；

⑤ 对地绝缘在 30～50MΩ，赋值为 80；

⑥ 对地绝缘在 10～30MΩ，赋值为 90；

⑦ 对地绝缘在 0～10MΩ，赋值为 100。

（10）动力电缆厂家赋值

电缆厂家赋值思路如下：

① 计算平均运转周期；

② 按照公式"$\sum$（运转周期-平均运转周期）×（样本数/样本总数）+平均运转周期"的算法计算各厂家电缆运转周期修正值；

③ 将平均运转周期赋值为 50，各厂家按照公式"（平均运转周期-

Σ各厂家单次运转周期修正值）/平均运转周期×50" 的算法对各厂家赋值。

（11）电泵新旧赋值

电泵新旧赋值方法为：

① 新泵赋值为 0；

② 旧泵赋值为 100。

（12）电流稳定性赋值

将机组运行电流分为稳定、不稳定和很不稳定三种情况，分别赋值 0、50、100，然后用单井的赋值除以所有井的赋值总和，得出单井的比例系数。

应用电流累积分布曲线判断电流变化幅度。具体方法为自检泵启井至目前为止，将计量电流按照从小到大排序，将排序好的电流值求和，求取单井运行电流占据总运行电流的百分数。按照电流从小到大将电流百分数累计求和，画出运行电流与电流百分数关系图，并连同平均电流值绘制在该图上。

如果多数点集中在平均电流附近（80％以上的数据点集中在平均电流附近，其累计分布曲线呈现陡峭趋势），认为电流稳定，赋值为 0；多数点偏离平均电流值（40％～80％的数据点集中在平均电流附近，其累计分布曲线平均电流附近及两端呈现平缓，其余部分呈现陡峭趋势），认为电流不平稳，赋值为 50；多数点集中在电流最大、最小值两端（小于40％的数据点集中在平均电流附近，其累计分布曲线两端呈陡峭趋势，而中间呈平缓趋势），认为电流很不稳定，赋值为 100 对平均电流附近的定义为平均电流相邻的两个整数值。

（13）有无含砂、含蜡、腐蚀、结垢赋值

这 4 个因素均按照有赋值为 100，无赋值为 0。

5.3.4　影响因素权重设置

为界定各影响因素的权重，将影响因素分为关键、显著、不显著、无关四类因素。

① 关键因素　修井设计中明确提到的问题及检泵报告中明确提到的原因确定为关键因素。

② 显著因素　单因素赋值为 50～100 的确定为显著因素。

③ 不显著因素　单因素赋值为 0～50（含 50）的确定为不显著因素。

④ 无关因素　单因素赋值为 0 或明确不产生影响的因素确定为无关因素。

关键、显著、不显著、无关因素分别打分为 10、5、3、0 分。计算油田历次以机组损坏为作业原因的修井历史中，各影响因素占单井总因素的百分比，即：单井各因素占单井总因素比例＝单井各因素打分/单井各因素打分之和；然后对各因素进行归一化处理，即：各因素比例＝单井各因素比例之和；最后计算权重，计算公式为：权重＝各因素比例/各因素比例之和×100。

5.4　系统应用现状及典型案例

系统主要由井史数据集成、单井生产参数建模工具、组合参数故障诊断模型、电潜泵井风险评估、参数预警分析引擎等主要模块构成。2012 年起，井史数据集成模块已在南海西部全部油气田投入实际应用，风险评估模块、故障诊断模块则在文昌 13-1、涠洲 12-1 等具有代表性的油田试点运行，目前系统运行状况良好。

5.4.1　系统主要模块功能

5.4.1.1　单井生产参数建模工具

应用此建模工具，业务人员可以基于 SPC 方法，定义预警模型的中心线（CL）、上控制界限（UCL）和下控制界限（LCL）等参数，并将相应模型导入分析引擎进行参数异常嗅探。

单井生产参数建模工具如图 5-11 所示。

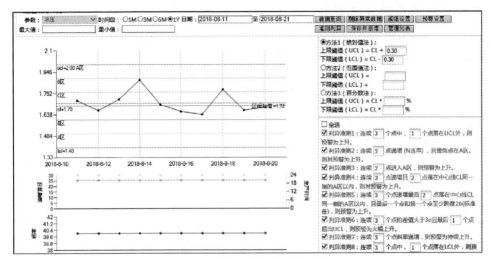

图 5-11　单井生产参数建模工具

5.4.1.2　组合参数故障诊断模型

该模块可在系统内配置在决策树故障诊断模型，当参数预警分析引擎基于此模型识别故障时，即向业务人员进行故障报警。

涠洲 12-1 油田组合参数故障诊断模型配置如图 5-12 所示。

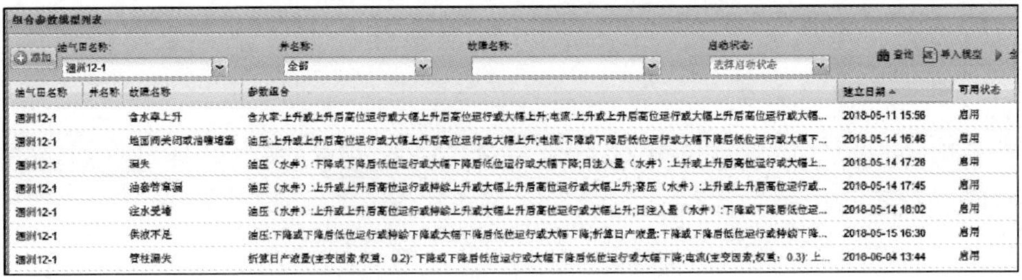

图 5-12　涠洲 12-1 油田组合参数故障诊断模型配置

5.4.1.3　电潜泵井风险评估

该模块从南海西部油田历史案例出发，动态评估各个因素在故障风险中所占的权重，从而构造出一个针对每个油气田的评价矩阵，实时分析电潜泵井当前生产状况下的风险概率，为业务人员检泵、备泵提供决策支持。

文昌 13-1 油田电潜泵井风险评估如图 5-13 所示。

机组预测反馈

油田名称 文昌13-1　预测日期 2009-12-01　开始预测

井名称	运转周期	排量效率	电流比	电压比	井口气油比	单次运行时间	电流稳定性	井斜角	狗腿度	机组厂家	电缆厂家	电泵新旧	故障相对几率	故障
Wen13-1-A7	957	102%	0.91	0.72	7	44	不稳定	21.96	0.5	斯伦贝谢(天津)		旧	63.209	
Wen13-1-A3	637	124.12%	0.95	0	2	46	很不稳定	53.44	2.96	斯伦贝谢(天津)		旧	50.758	
Wen13-1-A11	6	125%	0.86	0.99	25	3	稳定	47.24	3.62	斯伦贝谢(天津)	无锡	新	49.203	
Wen13-1-A4	736	0%			38	43	很不稳定	67.07	1.06	斯伦贝谢(天津)	无锡	新	47.562	
Wen13-1-A9	1364	88.33%	0.95	0.69	10	105	很不稳定	61.99	3.61	斯伦贝谢(天津)		旧	45.901	
Wen13-1-A12	11	23%	0.69		18	11	不稳定	57.42	3.19	斯伦贝谢(天津)		旧	39.909	
Wen13-1-A10	981	153%	0.73	1.03	9	49	很不稳定	74.04	3.1	斯伦贝谢(天津)		旧	38.599	
Wen13-1-A8	10	128.24%	0.83	0.95	9	5	稳定	26.64	2.93	斯伦贝谢(天津)	无锡	新	29.146	
Wen13-1-A1	531	116%	0.73	1.03	7	38	稳定	12.43	2.27	斯伦贝谢(天津)		新	29.121	
Wen13-1-A2	247	0%			8	25	稳定	34.6		斯伦贝谢(天津)	无锡	新	28.986	
Wen13-1-A5	3	109.23%	0.74	0.98	4	2	稳定	34.04	0.92	斯伦贝谢(天津)	无锡	新	23.826	
Wen13-1-A8	384	129.5%	0.84	0.95	4	46	不稳定	67.18	3.89	斯伦贝谢(天津)		新	22.078	
Wen13-1-A3H1				0			稳定					旧	10.84	
Wen13-1-A4H1				0			稳定					旧	10.84	

图 5-13　文昌 13-1 油田电潜泵井风险评估

5.4.2　典型案例

5.4.2.1　案例 1（管柱漏失）

① 井号：WZ6-10-A1S1 井。

② 上报时间及问题描述：2018 年 4 月 4 日上报。从 3 月 31 日起，井口温度从 53℃下降到 40℃，产液量可能会大幅下降，可能会发生管漏。

③ 问题跟踪：

a. 2018 年 4 月 4 日生产部油藏主管要求现场请加密测试。

b. 2018 年 4 月 17 日现场反馈：4 月 1 日该井井口压力、温度下降，测试产量减少。4 月 17 日 19：30 停泵交修井人员进行井筒试压，打压至 1500psi，1min 之内压力降为 0，无法稳压。

c. 2018 年 4 月 26 日开关井作业，停泵钢丝作业检查 Y 堵。

④ 措施效果：开关层作业完成后，5 月 7 日测试产液量 $42m^3/d$，6 月份产液量恢复到 $75m^3/d$ 左右。

WZ6-10-A1S1 井计量及上报问题井情况如图 5-14 所示。

5.4.2.2　案例 2（油嘴堵塞）

① 井号：WZ6-9-A23 井。

② 上报时间及问题描述：2018 年 3 月 26 日上报。3 月 23 日起，井

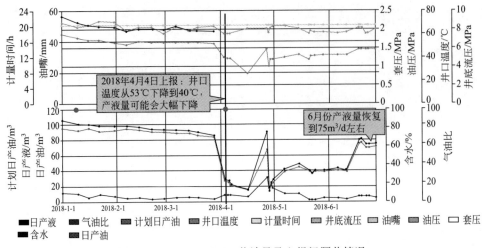

图 5-14　WZ6-10-A1S1 井计量及上报问题井情况

底流压从 5MPa 突升到 9.6MPa，泵马达温度从 121℃ 突升到 130℃，井口温度从 48℃ 下降到 26℃。该井产液量可能大幅下降，可能出现油嘴堵塞。

③ 问题跟踪：

a. 生产部油藏主管认为该井油嘴堵塞，并安排现场活动油嘴。

b. 在 3 月 26 日油嘴从 7.1mm 提高到 10.3mm，3 月 31 日频率从 45Hz 下降到 40Hz。

④ 措施效果：2018 年 4 月份后该井的产液量基本在 33m³/d 左右，井底流压 6MPa 左右，井口温度恢复到 45℃。

WZ6-9-A23 井计量及上报问题井情况如图 5-15 所示。

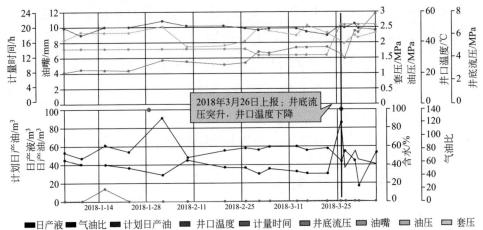

图 5-15　WZ6-9-A23 井计量及上报问题井情况

5.4.2.3　案例 3（水窜）

① 井号：WZ11-1N-A12Sa 井。

② 上报时间及问题描述：2018 年 6 月 4 日上报。5 月 29 日频率从 35Hz 提到 42Hz 后，含水率从 78％突升到 88.8％，化验含水率从 78％突升到 84.6％；含水率上升。

③ 问题井处理：2018 年 6 月 5 日生产部油藏主管要求现场加密测试，和手工化验该井含水情况和产液量情况。

④ 措施效果：

a. 2018 年 6 月 22 日起，频率从 42Hz 逐渐下调至 30Hz，产液量恢复到 313m³/d，含水率恢复到 56％，化验含水率恢复到 74％。

b. 2018 年 6 月 30 日现场回复：现场已经加密测试，并且将频率调整到 35Hz，经推断是提频之后放大了生产压差导致水窜。

WZ11-1N-A12Sa 井计量及上报问题井情况如图 5-16 所示。

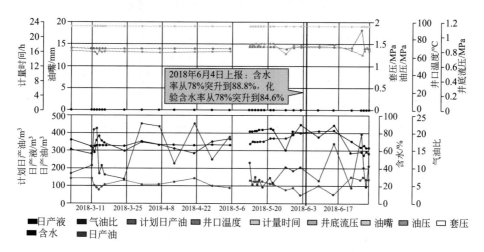

图 5-16　WZ11-1N-A12Sa 井计量及上报问题井情况

5.4.2.4　案例 4（供液不足）

① 井号：WZ12-1-B35S1 井。

② 上报时间及问题描述：2018 年 1 月 5 日上报。从 12 月 31 日起，泵马达温度从 90℃突升到 101℃，泵入口温度从 85℃突升到 96℃，泵入口压力从 2.37MPa 突升到 2.8MPa；其他参数未见明显异常。可能发生供液不足。

③ 问题井处理：

a.2018 年 1 月 8 日，生产部油藏主管要求现场留意观察该井，可能供液不足，若发现井口无产出请停泵保持套管阀、放气阀、翼阀开启，恢复液面48h 后再启泵生产。

b.2018 年 1 月 15 日，现场反馈：1 月 8 日井口长时间无产出，手动停泵，恢复地层压力；1 月 10 日 8：05 启泵恢复生产，启泵前井下压力/温度：4.12MPa/86℃，至 23：10 井口一直无产出，手动停泵；现场判断可能电泵气锁，建议循环洗井排除故障。

④ 措施效果：2018 年 1 月 15 日后停井。生产部油藏主管认为该井供液不足，保持间歇生产，并在 2018 年进行增产措施。

WZ12-1-B35S1 井计量及上报问题井情况如图 5-17 所示。

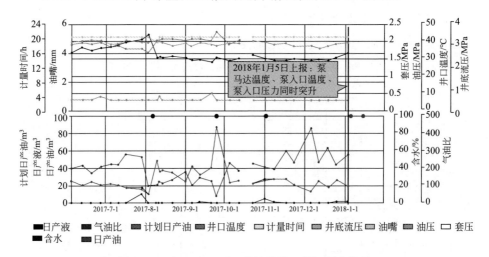

图 5-17　WZ12-1-B35S1 井计量及上报问题井情况

5.5　问题井管理流程

5.5.1　问题井管理流程

湛江分公司的问题井基本来源于现场上报，在井史数据集成模块上线后，迅速成为了现场、油藏工程师等发现问题井的另一个有效途径。

因现在主要的工作沟通方式为邮件和电话，但对问题井的处理而言，现有沟通方式难以跟踪其具体的流程，且对处理流程中的相关资料无法共享，故开发"问题井管理流程"，可以线上发起问题井流程，且能实现问题井的协同处理与资料共享，工作效率大幅提升。

在整个问题井流程处理完成并关闭后，资料永久保存，供相关人员查看和分析。问题井流程上线前后的对比如图 5-18 所示。

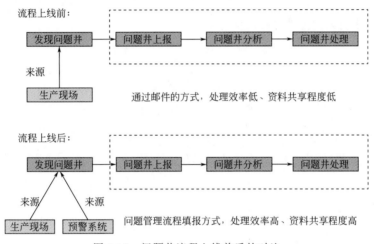

图 5-18　问题井流程上线前后的对比

问题井管理的流程如下：

① 问题井上报　由预警系统或生产现场发现问题并完成问题井填报。

② 问题井分析　由生产部油藏主管分发到不同人员进行井故障原因分析或故障落实。

③问题井处理　由生产部油藏主管最终确认井存在的故障，安排下步工作或结束流程。问题井管理流程处理步骤如图 5-19 所示。

5.5.2　分流程节点情况

5.5.2.1　问题井上报

问题井上报主要提供以下三个方面的功能：

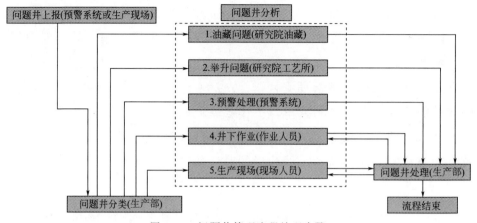

图 5-19   问题井管理流程处理步骤

① 填报   针对之前未提交的工作继续补充材料上报。

② 补充材料   针对当前已经提交的工作补充相关材料。

③ 撤销   撤销已经提交上报的问题井，流程终止。

在问题井被创建后，在具体的功能模块可以选择上传相关的图片及资料，并填写备注等，完成后点击提交，并发送给相关的业务人员，系统会发邮件提醒选择的人员。

5.5.2.2   问题井分类

问题井被提交给相关的负责人后，需要对应的人员在系统中进行分类处理，提交后会流转到下一个流程。

5.5.2.3   问题井分析

本步骤承接上一个工作流中分配的具体任务，如工艺所会对电泵的工况分析、现场要进行产液量测试等。完成后需上传相关的分析结论、测试化验资料等，提交后会流转到下一个流程，进入问题的评估处理。

5.5.2.4   问题井处理

承接上一流程的问题井分析，再次提交给问题井分类步骤中问题井的负责人，由其负责评价，此时完成一个闭环。

5.5.3　上报问题井查询

通过问题井查询功能，可以查看所有人上报至问题井流程系统的相关信息，包括处理人意见、上传的资料等。

5.5.4　具体案例

典型案例的处理流程如下：

（1）问题井上报

2017 年 8 月初，WZ12-1-B21Sa 井发生产液量、井口温度、电流下降的单参数报警，可能发生管柱漏失。

在 2017 年 8 月 7 日当天通过"问题井管理流程"推送给生产部油藏主管：该井可能发生管柱漏失，请加密测试。

（2）问题井分类

接到上报后，生产部油藏主管要求现场组织验漏作业。

（3）问题井分析

2017 年 8 月 17 日现场人员反馈：现场试压作业发现无法稳压，表明管柱、堵头或电泵单流阀存在漏失。

（4）问题井处理

得到现场反馈后，生产部油藏主管进行问题评估：现场验漏表明该井管柱漏失，后续组织修井作业，并结束该流程。

第 6 章

电潜泵井精细化管理

6.1 电潜泵井施工与交接

6.1.1 电潜泵井施工

6.1.1.1 作业前检查内容与技术要求

① 电潜泵机组检查技术要求　型号、参数应符合设计书的要求；电机、保护器、分离器及泵的外观应无漏油、磕伤变形等现象；盘轴检查是否滑动无阻滞；定子绕组对地绝缘电阻大于 1000MΩ；三相直流绝缘电阻不平衡率小于 2%；电机、保护器、分离器、泵之间连接的花键套齐全并与接触端轴头相匹配，花键套与轴端花键配合滑动无卡阻。

② 电缆检查技术要求　外观无磕碰损伤；三相对地绝缘电阻大于 1000MΩ，三相直流电阻不平衡率小于 2%；引接电缆插头无损伤、插针牢固、无漏气，规格型号与电机相匹配。

③ 施工设备检查技术要求　施工设备及相关下井配件齐全，应有相关资质证书，年检合格且在有效期内，外观无磕碰变形；液压设备的压油充足、无乳化现象，无漏油现象；设备电缆无破损、无老化龟裂现

象，且长度满足要求。

④ 下井配件检查技术要求　小扁电缆护罩、动力电缆护罩、单流阀、卸油阀、电缆穿越器或密封组件等配件及一次性下井件的型号和数据应符合清单要求；电机油耐温等级符合机组要求，并在有效期内。

6.1.1.2　现场安装技术要求

① 泵工况与电机连接技术要求　在安装过程泵工况仪和电机要保持水平状态；更换泵工况仪的 O 圈，并涂抹硅脂；安装热电偶电缆头及高压电缆头到接线端子的底部。

② 电机注油技术要求　电机注油前应排空电机腔内原有的电机油，更换注油阀铅垫并旋紧；用手摇注油泵向电机内注油（每分钟不超过15r），待电机头运输帽处冒油后停止 3～5min 后再注油，反复三次，观察直至无气泡，注油结束后更换注油塞铅垫并拧紧注油塞。

③ 电机与保护器连接技术要求　保护器用与之匹配的吊卡吊起后应更换所有的密封圈；保护器下端法兰与电机端面螺纹孔对齐，连接过程中不得损坏密封圈，螺栓需对称均匀旋紧；连接完成后用盘轴器盘轴检查，应灵活无阻滞。

④ 小扁电缆安装技术要求　去除小扁头保护帽，更换密封圈前后都要对电缆电气性能进行测量，检查电机绝缘电阻及三相直流电阻，对地绝缘应考虑实际下入深度。

⑤ 保护器注油技术要求　用手摇注油泵向电机头注油孔注油（每分钟不超过15r），待保护器自下至上相应的油孔溢油后，停顿 3～5min 后再注油，反复三次，确认溢油中无气泡，注油结束后更换注油塞铅垫并拧紧注油塞。

⑥ 分离器/吸入口与保护器连接技术要求　分离器/吸入口下端法兰与保护器端面的螺纹孔对齐，连接过程中不得损坏密封圈，螺栓需对称均匀旋紧；连接完成后用盘轴器盘轴检查，应灵活无阻滞。

⑦ 泵与分离器/吸入口连接技术要求　泵下端法兰与分离器/吸入口端面的螺纹孔对齐，连接过程中不得损坏密封圈，螺栓需对称均匀旋紧；连接完成后用盘轴器盘轴检查，应灵活无阻滞。

⑧ 引接电缆保护器安装技术要求　安装后的引接电缆保护器在机组本体上不得产生滑动及弯曲；安装引接电缆保护器时不得损伤引接电缆。

⑨ 安装泵出口压力传输短节技术要求　液控管线采用电缆卡子或者绑带固定，使其在机组上保持直线状态；泵出口压力端及泵出口压力短节位置打压测试，泵出口压力管线打压至 3000psi，5min 无泄漏，卸压后，数据能够恢复到大气压值。

⑩ 单流阀和泄流阀安装技术要求：单流阀、溢油阀的扣型与油管匹配；Y 型管柱井不安装泄油阀。

⑪ 电缆护罩安装技术要求　安装电缆护罩时，电缆不得弯曲、打扭，电缆护罩锁紧后电缆与护罩之间不得有滑动现象，安装电缆护罩时不得损伤电缆；在下井过程中要求每下 10 柱管柱（三根一柱或两根一柱）测量一次机组系统绝缘，在电缆终端测量机组的三相直流电阻和对地绝缘电阻应符合要求，对地绝缘应考虑实际下入深度。

⑫ 过电缆封隔器穿越连接技术要求　电缆穿越连接后其性能应合格，在电缆终端测量机组的三相直流电阻和对地绝缘电阻应符合要求，对地绝缘应考虑实际下入深度。

⑬ 油管挂、采油树电缆密封盒安装技术要求　电缆连接后其性能应合格，在电缆终端测量机组的三相直流电阻和对地绝缘电阻应符合要求，对地绝缘应考虑实际下入深度；穿越器安装到位，螺帽拧紧，穿越器不得有松动现象。

⑭ 电缆与地面接线盒连接技术要求　电缆应经过电缆敷设架与接线盒连接并采用填料密封，并应考虑放气安全，若对地绝缘异常需加密监测。

6.1.1.3　下泵过程中的设备性能监测技术要求

① 泵工况性能测试技术要求　记录所有的参数，进入标准记录周期；按仪器操作手册进行温度测试、振动测试和压力测试。

② 电潜泵机组电气性能测试技术要求　电潜泵机组及电缆下井至预定泵挂位置处后，机组及电缆总体对地绝缘电阻应不低于 $100M\Omega$（如井下带测温测压传感器时，对地绝缘根据实际情况确定）。

电潜泵现场施工记录表如表 6-1 所示。

表 6-1 电潜泵现场施工记录表

油矿井号：_____　　安装日期：_____　　投产时间：_____

机组厂家：_____　　机组编号：_____

电泵机组及其他相关设备参数	部件	参数	单位	参数	单位	参数	单位	参数	单位
	电机	型号规格		电机编号		外径	mm	长度	m
		额定功率	kW	额定电压	V	额定电流	A	空载电流	A
		额定频率	Hz	串接功率	kW	串接电压	V＋V	适用井温	℃
	保护器	型号规格		出厂编号		外径	mm		
		结构形式				长度	m		
	分离器	型号规格		出厂编号		外径	mm		
		结构形式				长度	m		
	泵	型号规格		出厂编号		外径	mm		
		节数		级数		额定扬程	mm	长度	m
		额定排量	m^3/d	叶轮形式					
	电缆	泵出口规格及扣型							
		引接电缆规格与长度	mm^2 / m	与电机连接形式					
		动力电缆规格与长度	mm^2 / m	动力电缆生产厂家 / 动力电缆出厂编号		全浮 / 半浮 / 全压缩		缠绕 / 插接	
						耐温等级	℃		
	其他	套管规格		油管规格		管柱类型			
		电机尾扣规格及扣型		单流阀规格及扣型					
		泄流阀规格及扣型		变径接头规格及扣型					
		扶正器规格		手转规格					
		小扁护罩规格 / 数量		动力电缆引护罩规格 / 数量					
		封隔器密封规格		井口密封规格					

续表

油矿井号：	安装日期：	投产时间：

其他需要说明的情况：（必要时以附件形式附照片及情况说明）

电泵机组安装	电机	盘轴情况：
		电机绝缘电阻：（单节（或下节）） MΩ，双节 MΩ
		电机绝缘电阻：单节：AB Ω，BC Ω，CA Ω
		电机直流电阻：单节：AB Ω，BC Ω，CA Ω
		串接电机联轴器与上下轴伸配合有无异常：
		串接电机联轴器、密封圈是否正确安装： 对接紧固情况：
		电机注油过程有无异常： 旧铅垫是否已去除干净：
		各螺塞铅垫是否更换： 阀体、螺塞是否已确认紧固：
		电缆头密封圈是否正确安装： 电缆头密封紧固情况：
		机、缆对接后直流电阻：AB Ω，BC Ω，CA Ω
		机、缆对接后绝缘电阻： MΩ（兆欧表电压等级 V）
		异常情况描述：（必要时附照片）
	保护器	盘轴情况：
		联轴器与上下轴伸配合有无异常： 联轴器、密封圈是否正确安装： 对接紧固情况：
		保护器注油过程有无异常： 旧铅垫是否已去除干净：
		各螺塞铅垫是否更换： 阀体、螺塞是否已确认紧固：
		异常情况描述：（必要时以附件形式附照片及情况说明）
	分离器	盘轴情况：
		联轴器是否正确安装： 联轴器与上下轴伸配合有无异常： 对接紧固情况：

现场作业监督：	厂家代表：	施工单位代表：

续表

| 油矿井号： | | 安装日期： | | 投产时间： |

电泵机组安装	泵	盘轴情况：			
		联轴器与上下轴伸适配有无异常：			
		密封器、密封圈是否正确安装：		对接紧固情况：	
		泵出口密封圈是否正确安装：		紧固情况：	
	机组及电缆	机组连接后直流电阻（带电缆）：AB　　Ω，BC　　Ω，CA　　Ω			
		机组连接后绝缘电阻（带电缆）：　　MΩ（兆欧表电压等级　　V）			
		异常情况描述：（必要时以附件形式附照片及情况说明）			
	机组下井绝缘检测	第 10 柱油管绝缘电阻　　MΩ		第 90 柱油管绝缘电阻　　MΩ	
		第 20 柱油管绝缘电阻　　MΩ		第 100 柱油管绝缘电阻　　MΩ	
	连接油管	第 30 柱油管绝缘电阻　　MΩ		第 110 柱油管绝缘电阻　　MΩ	
		第 40 柱油管绝缘电阻　　MΩ		第 120 柱油管绝缘电阻　　MΩ	
		第 50 柱油管绝缘电阻　　MΩ		油管挂断电缆前绝缘电阻　　MΩ	
		第 60 柱油管绝缘电阻　　MΩ		油管挂做密封前后绝缘电阻　　MΩ	
		第 70 柱油管绝缘电阻　　MΩ		采油树做密封前后绝缘电阻　　MΩ	
		第 80 柱油管绝缘电阻　　MΩ		井口接线前绝缘电阻　　MΩ	

其他需要说明的情况：（必要时以附件形式附照片及情况说明）

电泵机组投入生产	变压器	生产厂家		出厂编号	
		型号规格		额定容量	kVA
		原边电压	V	副边电压覆盖范围	V～
		副边电压挡位电压	V	选定挡位/电流	V/A
		副边电压挡位数量		/	
	控制设备	型号规格		生产厂家	出厂编号
	测试设备	型号规格		生产厂家	出厂编号
		（泵工况/毛细管/压力计）			

续表

油矿井号：		安装日期：	投产时间：
开机前检查确认	油管挂密封情况：	采油树密封情况：	
	实际泵挂斜深： m	测压装置深度： m	
	系统直流电阻:AB Ω,BC Ω,CA Ω		
	绝缘电阻 MΩ(兆欧表电压等级 V）		
	过载设置值： A	欠载设置值： A	
	过载延时设置值： S	电流不平衡设置值： %	
	地面电压： V	控制电压： V	
	控制柜空载试验是否正常：		
	井口各相关仪表是否正常：		
电泵机组投入生产启动及运行数据	开机时间:年 月 日 时 分		
	启动方式	变频 / 工频	启动频率 Hz
	至工频运行时间	小时 分钟	
	运行电流	A相 (A),B相 (A),C相 (A)	
	油嘴规格 φ mm	至最高值所用时间 s	
	计量产液量结果 mm³/d	井口油压 MPa	
	入口压力 MPa	入口温度 ℃	动液面 m
	出口压力 MPa	绕组温度 ℃	泄漏电流 mA
	最高憋压稳定值：		振动 X g
			振动 Y g

厂家代表： 施工单位代表：

现场作业监督：

6.1.2　电潜泵井交接

6.1.2.1　交井内容

电潜泵井交接需要按作业内容填写并提交交接文件，经双方签字确认后生效。交接文件包括：施工记录和交接单、电潜泵机组出厂合格证、电潜泵机组试验报告、完井/修井管柱图。

6.1.2.2　交井技术要求

① 投产试运行前应测量电泵机组的绝缘电阻和三相直流电阻，满足规范要求。

② 工频/变频控制柜检查试机、确认电源相序正确后投产试运行，观察电潜泵机组正常运行不少于 30min，运行指标应达到下列条件要求。

投产试运行电机三相电流不平衡率应小于 10%，计算方法为：

$$\varepsilon_{I} = \frac{|I_{CP} - I_{相}|}{I_{CP}} \times 100\% \tag{6-1}$$

式中　ε_{I}——电流不平衡率，用百分数表示；

　　　I_{CP}——三相电流的平均值，A；

　　　$I_{相}$——与平均电流相差最大的单相电流值，A。

电潜泵机组进行投产试运行时，采用井口憋压试验法检查电潜泵出口压力，压力应符合电潜泵设计中扬程的使用范围，波动幅度应符合式（6-2）的规定。

$$p_{出口} = \left(\frac{L_{泵挂} - H_{静}}{102} + p_{油} - p_{套}\right) \times (1 \pm 25\%) \tag{6-2}$$

式中　$p_{出口}$——电潜泵出口压力，MPa；

　　　$L_{泵挂}$——电潜泵安装后，潜油泵吸入口距井口的垂直深度，m；

　　　$H_{静}$——油井静液面，m；

　　　$p_{油}$——生产阀门关闭时井口油压，MPa；

　　　$p_{套}$——生产阀门关闭时井口套压，MPa。

电潜泵现场工作状况确认表如表 6-2 所示。

表 6-2 电潜泵现场工作状况确认表

机采井单井现场工作状况确认表							
公司名称			井号		作业平台	投产日期	
油气田名称			套管		人工井底	管柱类型	
生产管柱			最大井斜		生产层位		
井下机组	电机型号			制造公司			
	电泵型号			电机功率/hp		空载运行电流/A	
	分离器			额定电压/V		额定电流/A	
	保护器			扬程/m		排量/(m³/d)	
地面设备	名称	型号		产品编号		制造公司	
	变压器						
	控制柜						
	变频器						
	测压装置						
启泵前检查	机组对地绝缘/MΩ	AO=		BO=		CO=	
	电缆对地绝缘/MΩ	AO=		BO=		CO=	
	机组直流电阻/Ω	AB=		BC=		AC=	
	过载数值设定/A			欠载数值设定/A			
	电源电压/V			控制电压/V			
启泵后检查	机组运行电流/A	A 相=		B 相=		C 相=	
	过载数值设定/A			欠载数值设定/A			
	井口压力/MPa			井口憋压/MPa,min			
	油嘴/mm			产液量/(m³/d)			
采油树状况	试验压力			各阀门状况			
地面安全阀	压力级别			状况			
井下安全阀	压力级别			开关状况			

投产时间	年 月 日 时

作业内容简述:

存在问题及相关说明(按油气井交验清单的内容确认后):

作业监督: 电泵作业队长:

签字确认日期:

备注:

6.2　电潜泵井日常管理

6.2.1　电潜泵井工作制度

制定油井生产工作制度是油田管理工作的一项重要内容，而应用电潜泵采油，由于油井和电潜泵设备处于同一个系统，二者的协调将是采油效果的关键所在。所以，制定合适的油井生产工作制度尤为重要。电潜泵井工作制度有两种：一种是间歇性生产工作制度；另一种是连续性生产工作制度。

（1）间歇生产

当所使用的电潜泵机组排量比较大，而油井产能相对于电潜泵的排量又比较小时，油井可采取间歇生产工作制度。即经过一定的时间间隔后，将电潜泵设备停下来，以便使油井内聚集足够的液体，恢复一定的液面高度，然后重新启动电潜泵机组继续运转，使电潜泵井投入正常生产，这样周而复始地间歇生产。

（2）连续生产

当油井的产量在所选择的电潜泵最佳排量范围内时，电潜泵连续运转，将能获得良好的工作状况，并能防止电潜泵早期磨损，减少电潜泵的停机次数，有利于延长电潜泵机组的使用寿命。在电潜泵的运行过程中，一般认为运行电流波动范围不能超过额定电流的 $\pm 5\%$ 比较合理。

有时因为开发方案需要，要求稳定在某一生产压差下生产；另外，为了保护地层，防止大量出砂和地层塌陷，要求控制在一定的生产压差下生产，这就需要采用频率或油嘴来进行控制，以达到所需要的生产压差的目的。

6.2.2 电潜泵井应取资料

在电潜泵井的管理过程中，取全取准每一项生产数据，对分析油井生产动态是十分重要的。所以，在电潜泵井生产过程中，要做到日常巡回检查，巡回检查包括但不限于以下内容：

① 应每 2h 巡回检查一次。

② 巡回检查主要内容包括油压、套压、油嘴开度、井口温度、地面电缆、采油树、井口控制盘、变压器油量及运行声音、变压器温度及外观、控制柜参数、电流卡片和电潜泵工况仪数据等，确认其无异常并做好记录。

另外，每次关井停泵后，都应测量并记录机组对地绝缘电阻和相间直流电阻。电流卡片和电潜泵工况仪数据至少由油田现场保存半年以上，生产现场每月对电潜泵井运行状况进行分析，对电潜泵井生产过程中出现的一切异常情况都要进行分析和处理，并记录在案和存档。分析内容包括油井基本生产参数的变化、机组运行基本参数的变化、生产异常和故障关停井的处理结果和处理过程的简单描述。

6.2.3 设备的正常维护保养

在电潜泵的运行过程中，要使设备能够长期正常运行，除要求合理选择电潜泵，使其在最佳状况下运行外，还必须定期对井下设备进行检查和对地面设备进行正常的维护保养，从而取得较好的抽油效果和经济效益。

（1）定期测量井下设备的对地绝缘电阻和三相直流电阻

（2）进行控制柜的检查和维护

① 定期对控制柜进行清扫，除去潮气、灰尘和污垢。

② 检查控制柜门是否密封，如有问题及时进行修理，以保证其密封

性、防尘防潮。

③ 定期检查如接触器、指示灯、保险等各种电气元器件，保持良好的工作状态。

④ 经常检查、紧固各连接螺丝。

（3）变压器的检查和维护

① 检查变压器是否漏油、腐蚀及绝缘失效，缺油的要及时补充变压器油；检查连接螺丝是否松动，并检查变压器壳体的状况，及时处理所发现的问题。

② 经常对变压器的过滤器和干燥器进行检查，有问题及时进行更换。

（4）定期检查从电源到变压器、控制柜、接线盒及井口的连接电缆和紧固螺丝

（5）经常对所有设备壳体的接地线仔细进行检查，以保证其安全性

（6）对井口电缆密封定期进行检查，以确定它的密封是否可靠，如有渗漏，应及时采取措施进行处理

（7）电流记录仪的维护

① 电流记录仪必须定期检查是否校准正确。

② 检查电流记录仪的记录笔的清洁度及动作是否正常，对于缺墨水的记录笔要及时进行更换。

6.2.4　电潜泵井的调参

电潜泵井的调参相对于其他机械采油井比较简单，一般是根据油田的实际生产情况进行调参。如为防止油层出砂，保持一定的生产压差；为有效发挥电潜泵机组的潜力，进行油嘴和运行电源频率的调整等。对于定频控制的井，一般调参只进行油嘴的调节；而对于变频控制的井，不但可对油嘴进行调节，而且可以对运行频率进行调节。一般情况下，在进行电潜泵井调参时，如需要增加产量，最好先放大油嘴，然后再调高运行频率；如需要控制产量，保持一定的生产压差，最好是先降低运行频率，然后再调小油嘴。这样，可以减少能源浪费，提高系统效率。

6.2.5 常见故障判断及处理

在电潜泵井生产运行过程中，总是不可避免出现各种故障，使电潜泵不能正常工作，影响其抽油效果和设备的运转寿命。为了保证电潜泵设备能够长期地正常运转，少出故障，就应该经常对电潜泵设备进行维护和保养，并且在出现故障的情况下，能够尽快地予以处理，使其投入正常运行，以提高电潜泵井的运行时率，取得更好的经济效益。这就要求电潜泵井管理人员必须准确地判断所出现的故障，及时进行处理。

电潜泵井所出现的故障一般可分为两大类：一是在出现故障时，电潜泵机组能够运转，共包括三类常见故障；二是在出现故障时，电潜泵机组不能够运转，也包括三类常见故障，如表 6-3 所示。

表 6-3　常见故障

系统状况	故障内容	故障原因	处理措施
泵能够运转	泵的排量低或等于零	转向不正确	调整相序使电潜泵正转
		地层供液不足或不供液	测动液面,提高注水井注水量;井下砂堵及时处理;加深泵挂深度;换小排量机组
		地面管线堵塞	检查阀门及回压,热洗地面管线
		油管结蜡堵塞	进行清蜡处理
		泵吸入口堵塞	起泵进行处理
		管柱有漏失	憋压检查,起泵处理
		泵或分离器轴断	起泵检查并更换机组
		泵设计扬程不够	重新选泵,并更换机组
	运行电流偏高	机组在弯曲井段	上提或下放若干根油管
		电压过高	按需要调整电压值
		井液黏度或密度过大	校对黏度和密度,重新选泵,起井更换机组
		井液中含有泥沙或其他杂质	取样化验,严重的可改其他方式生产
	运行电流不平衡	井下设备出现故障	从接线盒处将电缆顺时针调整一个位置,如控制柜显示电流顺次移动,则问题在井下电机或电缆;否则不平衡原因在地面
		电源或地面设备出现故障	将变压器初级绕组引线顺次调整一个位置,如果控制柜显示电流相应移动,则问题在电源,否则故障点在变压器

续表

系统状况	故障内容	故障原因	处理措施
泵不能够运转	机组不能启动运转	电源切断或没有连接	检查三相电源、变压器、控制柜及保险丝;检查电闸是否合上
		控制柜控制线路发生故障	检查控制柜电压是否合适;检查整流电路二极管是否损坏;检查控制保险是否损坏
		地面电压过低	根据电机额定电压和电缆压降计算出地面所需电压,调整变压器挡位至正确值
		电缆或电机绝缘破坏或断路	测量井下设备的三相直流电阻和对地绝缘电阻,起泵更换机组
		砂卡或井下设备机械故障	做反向启动试验,起泵进行修理
		油黏度大,死油过多,结蜡严重,压井液未替喷干净	用轻质油或水热洗(温度控制在电机极限温度以下),然后再启动
	过载停机(过载指示灯亮)	过载电流调整不正确	过载电流应调整为额定电流的120%
		潜油泵的摩阻增加	检查排量是否正常及含砂量,起井进行修理
		偏载运行	检查三相电流、保险及整个网络
		电机或电缆绝缘破坏	测量机组的三相直流电阻和对地绝缘电阻
		控制柜线路故障	检查控制柜线路,并进行修理
		单流阀漏失	液体发生回流,使油管中产生真空,此时不能起泵,需起泵修理
	欠载停机(欠载指示灯亮)	欠载电流调整不正确	欠载电流应调整为正常运行电流的80%
		泵或分离器轴断	检查排量是否正常,憋压检查,起泵进行修理
		控制柜线路发生故障	检查控制柜线路、各接头及元件
		气体影响,导致电机负荷减小	适当放套管气,起出更换分离器或加深泵挂
		地层供液不足	测量动液面深度,提高注水量,更换小排量泵

6.3　双电潜泵井生产管理

6.3.1　双电潜泵井开井规定

① 启动电潜泵井前,必须检测机组对地绝缘电阻和相间电阻、地面电器设备的各种设定值,检查结果要记录并交中控部门存档。

② 变频启动，降低电流对井下机组的冲击。对双电潜泵都应安装泵工况仪，以了解井下机组状况。

③ 严格控制电潜泵机组运行电压，保证电机实际运行电压在其额定电压的±5%内（考虑电缆压降）。

④ 双泵井在停机后重新启动时（如台风关停、平台大修关停等），先运行备用泵，备用泵测试完成后关停，再启动主行泵生产。

⑤ 如果出现电潜泵井启动未成功（包括启动后无任何产出液量的），在未确定原因前不要再次强制开井。

⑥ 电潜泵启泵时，控制调频节奏，启泵后实施快速流量测试。

⑦ 启泵投产后观察和记录电潜泵控制柜的电流。

⑧ 电潜泵系统平稳运行后，所涉及的环空压力控制可最大化实现电潜泵系统的可靠性，封隔器和油管挂的穿越系统必须承受最小的压力波动的影响，必须严格按程序释放环空压力。

6.3.2　双电潜泵井关井规定

① 在正常的生产状况下，不得随意关停电潜泵。电潜泵井进行测试期间，该井的井口控制盘高低压开关应处在旁通位置。

② 每次停机后进行常规的井口电气检测：相间直流电阻，对地绝缘电阻，电泵工况读数等。上、下泵无论是否运行都应该检测并与历史数据对比。

③ 手动停泵时，应在控制柜上按下停机按钮停机，不得直接拉闸断电，若是变频装置，需先逐步降频再关井。

④ 停机检修或处理故障时，必须做好相序标记，操作需要断电时，按要求填写断电隔离申请。

6.3.3　双电潜泵井日常管理

① 对于为应对油藏变化而设计的双泵规格不相同的油井，不得人为关停在运行机组，启动备用机组。

② 对于为提高检泵周期而设计的双泵规格相同的油井，宜每半年换泵生产。

③ 其他参照 6.2。

6.4　长期计划性关停电潜泵井生产管理

① 定期对长期计划性关停电潜泵井的相关地面设备、井控设备进行保养测试，对地面设备进行防潮密封检查。

② 对长期计划性关停电潜泵井定期启泵测试，考虑启泵过程中，启动电流对井下电缆、电机的冲击损伤，测试周期规定如下：

a. 对地绝缘≥50MΩ 的电潜泵井　优先利用变频柜进行测试，启井测试周期为 3 个月。

b. 10MΩ＜对地绝缘＜50MΩ 的电潜泵井　必须利用变频柜进行测试，启井测试周期为 3 个月。

c. 对地绝缘≤10MΩ 的电潜泵井　因绝缘过低，启泵有较高的风险，不宜安排启泵测试。

③ 测试启井前准备工作

a. 测试启井前需要记录三相直阻、对地绝缘、井底流压等相关数据；

b. 测试启井前需要综合考虑启井后对于管输压力、电网负载的影响；

c. 测试启井前要注意环空压力数据，对于有放气阀、套压较高的油井，要注意提前放压，避免气体对测试的影响；

d. 启井前将待测试的电潜泵井导入单井测试流程。

④ 变频控制电潜泵井采取 30Hz 低频启动的方式，启井后对于部分扬程较小的电潜泵井，可根据以往的运行记录适当提频。

⑤ 单次启井测试时间原则上不少于 2h，以使电机油等得到较充分的循环，启井后注意及时观察井底流压、电机温度、振幅的变化，记录电流、电压、压力、温度、流量等相关数据，观察多相流量计的流量变化。

⑥ 测试记录要统一存档。

参 考 文 献

[1] Brown K E. The Technology of Artificial Lift Methods (Volume 2b). PennWell Publishing Company, 1980.

[2] 毕玉芬, William Milne. 石油工业对电潜泵的新要求 [J]. 国外石油机械, 1966, 7 (2): 66-67.

[3] 邵永实, 师世刚, 刘军. 潜油电泵技术服务手册 [M]. 北京: 石油工业出版社, 2004.

[4] 师世刚, 等. 潜油电泵采油技术 [M]. 北京: 石油工业出版社, 1993.

[5] 张钧, 余克让, 黄庆玉, 等. 海上采油工程手册 [M]. 北京: 石油工业出版社, 2001: 775-776.

[6] 于志刚, 穆永威, 曾玉斌, 等. 海上油田电潜泵井提液方案优化设计 [J]. 重庆科技学院学报 (自然科学版), 2016, (3): 94-96.

[7] 于志刚, 宋立志, 何长林, 等. 双电泵双导流罩双监测技术在南海西部油田的应用 [J]. 石油天然气学报, 2012, (6): 104-107.

[8] 吴绍伟, 万小进, 袁辉, 等. 高气油比条件下潜油电泵气体处理新技术研究 [J]. 重庆科技学院学报 (自然科学版), 2016, (3): 90-93.

[9] 穆永威, 于志刚, 吴绍伟, 等. 浅析潜油电泵电缆选择的影响因素与方法 [J]. 石化技术, 2016, (6): 292.

[10] IEEE P 1018/Draft 1, Practice for Specifying Electric Submersible Pump Cable [S].

[11] 程利民, 于志刚, 曾玉斌, 等. 南海西部油田超大排量电泵优化设计及应用 [J]. 钻采工艺, 2016, (6): 50-53.

[12] 于志刚, 袁辉, 等. 南海西部油田机采技术研究与应用 (2016). 湛江: 中海石油 (中国) 有限公司湛江分公司南海西部石油研究院 2016 年科研报告, 2016.

[13] 欧阳铁兵, 吴绍伟, 于志刚, 等. 电潜泵工况仪参数应用实践 [J]. 石油钻采工艺, 2012, 3 (46): 119-121.

[14] 于志刚, 穆永威, 等. 复杂井况电潜泵井工况综合诊断技术研究与应用 (2017). 湛江: 中海石油 (中国) 有限公司湛江分公司南海西部石油研究院 2017 年科研报告, 2017.

[15] 程心平, 薛德栋, 秦世利, 等. 深水油田双电泵采油技术 [J]. 石油机械, 2015, 43 (1): 64-68.

[16] 王欣辉. 潜油电泵采油技术研究与实践 [M]. 东营: 中国石油大学出版社, 2015.

[17] SY/T 5904—2004 [S].

[18] 王鹏, 张烨, 王海滨, 等. 潜油电泵电缆 [J]. 石油科技论坛, 2013, (5): 52-54.

[19] 谢佳君, 于鹏亮, 平凯, 等. 油管尺寸选择及应用 [J]. 中国石油和化学标准与质量, 2013, (19): 91.

[20] API. Recommended Practice for Sizing and Selection of Electric Submeisible Pump Installations. API Recommended Practice 11S4. Third Edition, July 2002, Reaffirmed, April 2008.

[21] 吴绍伟, 于志刚, 廖云虎, 等. 基于系统分析的电潜泵井动态分析与故障诊断综合技术研究 [J]. 中国石油和化学标准与质量, 2014, (4): 67-68.

[22] 唐明军, 朱学海, 纪树立, 等. BZ34-3/5 小边际油田的开发模式和电潜泵采油技术的应用 [J]. 海洋石油, 2008, 28 (2): 82-87.

[23] HIS Energy Group. Submersible Pump for the Petroleum Industry, 2004.

[24] HIS Energy Group. Submersible Pump Analysis and Design Technical Reference Manual, 2001.

[25] GB/T 17389—2013.

[26] Q/HS 2005—2011 [S].

[27] 周德胜. 电潜泵采油系统优化设计技术 [M]. 北京: 石油工业出版社, 2017.